重庆市强对流风暴演变分析图集

主　编：张亚萍
副主编：张　焱　翟丹华　沃伟峰
　　　　李　红　邓承之

气象出版社
China Meteorological Press

内 容 简 介

本图集以图像为线索,利用气象卫星、天气雷达和地面气象站等立体观测资料对强对流风暴的演变进行综合分析。在2015年出版的《重庆市强对流天气分析图集》基础上,进一步遴选了2011—2020年重庆地区的典型强对流天气个例,系统分析了强对流天气发生前后的天气系统配置、中尺度天气环境条件及卫星云图、雷达回波和地闪特征,利用三维可视化工具定量分析了强风暴的三维结构,展示了对流风暴初生、发展和消散阶段全生命期的演变特征。本图集实用性强,可供预报员分析研判强对流天气时参考。

图书在版编目（ＣＩＰ）数据

重庆市强对流风暴演变分析图集 / 张亚萍主编. --
北京：气象出版社，2022.12
  ISBN 978-7-5029-7858-7

Ⅰ. ①重… Ⅱ. ①张… Ⅲ. ①风暴－强对流天气－天气分析－重庆－图集 Ⅳ. ①P425-64

中国版本图书馆CIP数据核字(2022)第216322号

重庆市强对流风暴演变分析图集
Chongqing Shi Qiangduiliu Fengbao Yanbian Fenxi Tuji

出版发行：气象出版社

地　　址：北京市海淀区中关村南大街46号　　　　邮政编码：100081
电　　话：010-68407112（总编室）　010-68408042（发行部）
网　　址：http://www.qxcbs.com　　　　E-mail：qxcbs@cma.gov.cn
责任编辑：张　斌　　　　　　　　　　　　　终　　审：吴晓鹏
责任校对：张硕杰　　　　　　　　　　　　　责任技编：赵相宁
封面设计：地大彩印设计中心
印　　刷：北京地大彩印有限公司
开　　本：787 mm×1092 mm　1/16　　　　　印　　张：15.25
字　　数：384 千字
版　　次：2022年12月第1版　　　　　　　　印　　次：2022年12月第1次印刷
定　　价：180.00元

本书如存在文字不清、漏印以及缺页、倒页、脱页等,请与本社发行部联系调换。

《重庆市强对流风暴演变分析图集》
编 委 会

主　编：张亚萍

副主编：张　焱　翟丹华　沃伟峰　李　红　邓承之

编　委：张　勇　刘伯骏　黎中菊　牟　容　邹　倩

　　　　李　琴　庞　玥　韩　潇

序　言

气象事业是科技型、基础性、先导性社会公益事业。进入新时代,踏上新征程,气象工作面临新形势和新要求。新时代气象工作必须深入学习贯彻党的二十大精神,以习近平总书记关于新中国气象事业 70 周年重要指示精神为根本遵循,认真贯彻落实《气象高质量发展纲要(2022—2035 年)》,牢牢把握气象工作关系生命安全、生产发展、生活富裕、生态良好的战略定位,加快科技创新,努力做到监测精密、预报精准、服务精细,充分发挥气象防灾减灾第一道防线作用,更好地推动高质量发展,为社会主义现代化国家建设做出气象新贡献。

党的十八大以来,我们坚持"人民至上、生命至上"理念,按照"早、准、快、广、实"的要求,将气象监测预报预警信息快速转化为各级政府和社会公众的防灾减灾行动力;聚焦极端灾害性天气和关键影响区域,加强监测预报预警服务,筑牢气象防灾减灾第一道防线。

强对流风暴常常引发短时强降水、阵性大风、冰雹等强烈对流天气,由于其自身具有的突发性、局地性等特征,往往会带来严重的气象灾害甚至人员伤亡。提升强对流天气的监测预警预报能力,是开展气象防灾减灾的必要前提,也一直是气象工作者矢志努力的重要方向之一。近年来,重庆市气象局加快推进气象高质量发展,强对流天气的监测预警预报工作取得了显著成绩,但同时也面临着新的挑战。

一方面,在全球气候变暖背景下,极端天气气候事件广发、频发、重发,对强对流天气监测预警预报的精准性、预见期提出了更高要求。另一方面,气象卫星、雷达等观测装备和新一代信息技术迅猛发展,对卫星、雷达等新型观测资料在强对流天气短期临近预报预警中的应用提出了更高要求。

鉴于此,重庆市气象局成立了由重庆市气象局首席预报员和一线业务人员组成的灾害性天气预报核心技术创新团队,在 2015 年编写出版的《重庆市强对流天气分析图集》基础上,遴选了 2011—2020 年发生在重庆地区的 18 个典型强对流天气个例,分析了强对流天气过程发生前后的环流背景、形成条件和强风暴的三维结构特征,对重庆地区典型强对流天气预报实践经验再总结、再提炼,形成了《重庆市强对流风暴演变分析图集》。这些工作将帮助预报员和一线业务人员提升雷达、卫星等多源资料的综合应用能力及短时临近预报预警服务水平。

积跬步以行千里，致广大而尽精微。希望全市预报业务和科研人员认真贯彻落实习近平总书记关于气象工作重要指示精神，不断加强学习和实践，持续提升灾害性天气预报精准度和精细化水平，为重庆书写全面建设社会主义现代化新篇章做出更大的气象贡献。

2022 年 10 月 28 日

前　言

　　作为《重庆市天气预报技术手册》的补充,2015 年出版的《重庆市强对流天气分析图集》遴选了重庆市 1981—2014 年 54 个强对流天气个例,采用以图像为线索的编写方式,对图像特征进行简要描述,有助于提高预报员对强对流天气发生的环境条件和强对流风暴演变特征的分析能力。但是,《重庆市强对流天气分析图集》缺少对强风暴三维特征的定量分析,对强对流风暴初生和消散阶段的分析也较为缺乏。为了加深预报员对强对流风暴演变特征和风暴生命期的理解,重庆市气象台组织编写了《重庆市强对流风暴演变分析图集》(下文简称"本图集"),并特邀在天气雷达资料处理和三维视图显示等方面具有丰富经验的宁波市气象台沃伟峰高级工程师参与本图集的编写。

　　本图集共遴选了 18 个强对流风暴个例,其中包括:5 个雷暴大风个例,其地面大风的风速均在 $25\ \mathrm{m \cdot s^{-1}}$ 以上;2 个大冰雹个例,其冰雹直径均在 2 cm 以上;11 个短时强降水个例,其 1 h 降水量超过 80 mm 或 3 h 降水量达 160 mm 以上。在进行个例挑选时,除了考虑强对流天气的强度(这里的"强度"主要指风速、冰雹大小、1 h 或 3 h 降水量),还尽量兼顾与风暴演变相关的各种特征,如造成雷暴大风的脉冲风暴、导致短时强降水的中涡旋等。

　　我们假定本图集的读者已经受过基本的卫星气象学和雷达气象学等方面的培训,同时建议参阅俞小鼎等编著的《多普勒天气雷达原理与业务应用》、孙继松等编著的《强对流天气预报的基本原理与技术方法——中国强对流天气预报手册》、刘德等编著的《重庆市天气预报技术手册》和张亚萍等编著的《重庆市强对流天气分析图集》等。例如,本图集在描述系统配置及演变时,首先说明某个个例所属概念模型的种类,包括高空冷平流强迫类、低层暖平流强迫类、斜压锋生类和准正压类。如果需要对以上不同类型概念模型有更加深入的了解,读者需要参考《强对流天气预报的基本原理与技术方法——中国强对流天气预报手册》《重庆市强对流天气分析图集》。

　　本图集的天气形势图、中尺度天气环境条件场分析图、影响系统和系统配置及演变描述,由邓承之和李红完成;探空资料分析由张焱完成;卫星云图资料收集、制图由张亚萍、牟容、邹倩、黎中菊完成;地闪资料处理及显示由黎中菊和张亚萍完成;新一代天气雷达原始资料的三维点云显示(利用 Open3D 库制作雷达体积扫描图)由张亚萍完成。SWAN(灾害天气短时临近预报系统)产品的读取及插值处理、反射率因子面积随高度分布图的制作由张亚萍、张勇、刘伯骏、黎中菊、韩潇完成;地面雨量站分钟雨量收集和处理由李琴、张勇、庞玥完成;反射率因子三维视图制作由沃伟峰和张亚萍完成。卫星云图和地闪演变分析、天气雷达回波演变分析、临近预报关注点由张亚萍、张焱、翟丹华、李红完成。全书由张亚萍统稿,翟丹华和张焱审校,李红负责全书的校对。

本图集的出版得到了重庆市气象局业务技术攻关团队项目(YWGGTD-201701、YWG-GTD-201702)和重庆市科技创新与应用发展专项(cstc2019jscx-msxmX0297)的资助。重庆市气象局顾建峰局长、杨智副局长和周国兵副局长对本书的编写给予了大力支持。重庆市气象局高阳华、李永华、喻桥、马晋等专家对图集编撰工作也给予了帮助。编者在此感谢为本图集编撰提供支持和帮助的领导和专家!还要感谢宁波市气象台的支持!更欢迎读者对本图集不妥之处指正。

编者

2022 年 8 月

制作说明及图例

1. 天气形势图、中尺度天气环境条件场分析图

利用气象信息综合分析处理系统（Meteorological Information Comprehensive Analysis and Process System，MICAPS）4.5 版本制作。选取强对流天气发生前最近时刻及下一时刻的 MICAPS 高空及地面等资料。首先制作第一个时刻的 500 hPa 和 850 hPa 天气形势图，其中 500 hPa 形势图上叠加了 200 hPa 急流或显著流线。然后寻找对发生在重庆境内强对流天气有影响的大尺度及中尺度天气系统，根据天气系统的演变规律及影响机理有选择地分别绘制两个时刻的中尺度环境条件场分析图，力求清晰简洁地表达强对流天气发生前后的天气系统配置及温湿条件。中尺度天气环境条件场分析图例见附图1。

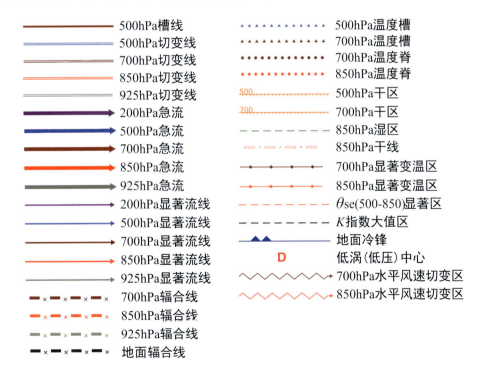

500hPa槽线	500hPa温度槽
500hPa切变线	700hPa温度槽
700hPa切变线	700hPa温度脊
850hPa切变线	850hPa温度脊
925hPa切变线	500hPa干区
200hPa急流	700hPa干区
500hPa急流	850hPa湿区
700hPa急流	850hPa干线
850hPa急流	700hPa显著变温区
925hPa急流	850hPa显著变温区
200hPa显著流线	$\theta_{se}(500-850)$显著区
500hPa显著流线	K指数大值区
700hPa显著流线	地面冷锋
850hPa显著流线	低涡(低压)中心
925hPa显著流线	700hPa水平风速切变区
700hPa辐合线	850hPa水平风速切变区
850hPa辐合线	
925hPa辐合线	
地面辐合线	

附图1　中尺度天气环境条件场分析图例

对一些概念补充解释如下：

（1）干区：天气图上湿度显著低的区域。700 hPa 天气图上分析夏季 $T_d \leqslant 4\ ℃$ 的区域及其他季节 $T_d \leqslant 0\ ℃$ 的区域，500 hPa 天气图上分析 $(T-T_d) \geqslant 15\ ℃$ 的区域。

（2）水平风速切变区：对流层低层偏南气流左侧出现同向风速急速减小的区域。

（3）湿区：天气图上湿度显著高的区域。850 hPa 天气图上分析 T_d 的大值区，数值随季节的变化较大，一般在 10～19 ℃之间。

（4）θ_{se}（500－850）：为 500 hPa 与 850 hPa 的假相当位温差，分析图中用 $\Delta\theta_{se}$ 表示。

（5）低空急流：在 700 hPa 或 850 hPa 天气图上连续两站水平风速≥12 m·s^{-1} 的区域分析低空急流带。

（6）低压：在 500 hPa、700 hPa、850 hPa 上分析低压中心，并在下方标明低压中心的位势高度值（单位：dagpm）。

2. T-ln$p$ 图

利用 MICAPS 4.5 制作。

3. 卫星云图

数据来源于风云卫星遥感数据服务网（http://satellite.nsmc.org.cn/portalsite/default.aspx），省级行政边界来源于 MICAPS 4.5。图中对－32 ℃、－52 ℃和－72 ℃亮温等值线进行标注，等值线间隔 20 ℃。

4. ADTD 地闪累计次数图

利用 ADTD（Advanced Direction Time of arrival Detection）地闪数据，计算每个 0.01°×0.01°分辨率格点上、半径 5 km 范围内的 30 min 地闪累计次数并制图，单位为次·(78.5 km^2)$^{-1}$。

5. 雷达体积扫描图及不同仰角回波图

基于新一代天气雷达原始数据制作，未作插值处理。

6. 反射率因子面积随高度分布图

以 SWAN（Severe Weather Automatic Nowcast System）拼图数据为基础制作，进行了插值处理。

7. 不同高度层 45 dBZ 反射率因子面积变化时序图

以 SWAN 拼图数据为基础制作，图中叠加了相应时段以测站为中心、半径 20 km 范围内的 ADTD 地闪次数和测站的降水。

8. 反射率因子三维视图

以 SWAN 拼图数据为基础，进行了插值和平滑处理，利用宁波市气象台沃伟峰开发的雷达回波三维视图显示程序制作。

目　　录

序言

前言

制作说明及图例

第1章　雷暴大风和冰雹个例分析 ·· （1）

　1.1　2011年7月27日渝北区御临站雷暴大风 ································ （1）

　1.2　2013年3月10日云阳县凤鸣镇冰雹 ···································· （14）

　1.3　2014年4月18日沙坪坝区曾家镇冰雹 ································· （25）

　1.4　2015年4月2日合川区肖家站雷暴大风 ································ （38）

　1.5　2017年4月16日云阳县云阳镇站雷暴大风 ··························· （48）

　1.6　2017年7月29日渝中区佛图关站雷暴大风 ··························· （60）

　1.7　2020年5月5日永川区黄瓜山站雷暴大风 ····························· （73）

第2章　短时强降水个例分析 ·· （86）

　2.1　2012年7月21日荣昌区盘龙站短时强降水 ··························· （86）

　2.2　2013年6月30日大足区回龙站短时强降水 ··························· （99）

　2.3　2014年6月3日江津区登云站短时强降水 ····························· （112）

　2.4　2014年9月13日长寿区安坪站短时强降水 ··························· （125）

　2.5　2015年8月17日永川区花桥站短时强降水 ··························· （138）

　2.6　2016年6月2日南川区大有站短时强降水 ····························· （151）

　2.7　2016年7月18日荣昌区双河大石站短时强降水 ····················· （164）

　2.8　2017年6月9日合川区大湾站短时强降水 ····························· （177）

　2.9　2018年5月20日武隆区石桥站短时强降水 ··························· （190）

　2.10　2019年4月19日万盛经济开发区南门站短时强降水 ··············· （203）

　2.11　2019年7月22日渝北区龙头寺公园站短时强降水 ················· （216）

主要参考文献 ·· （229）

第 1 章　雷暴大风和冰雹个例分析

1.1　2011 年 7 月 27 日渝北区御临站雷暴大风

实况:2011 年 7 月 27 日 19:28,重庆渝北区御临站发生大风,极大风速达 33.1 m·s^{-1}。

主要影响系统:500 hPa 低槽;925 hPa 至 850 hPa 切变;850 hPa 温度脊(图 1.1.1—1.1.2)。

系统配置及演变:高空冷平流强迫类。27 日 08 时,500 hPa 低槽西段停滞于重庆南部,从 850 hPa 至 500 hPa 的低槽或切变的位置来看,低槽具有前倾特征,同时,850 hPa 较强西南气流与湿舌自贵州北部伸向重庆南部,重庆南部层结不稳定性显著(图 1.1.1—1.1.2);午后,前倾低槽、低空切变线、地面辐合线、较强西南气流与层结不稳定性增长等条件有利于强对流天气的产生。

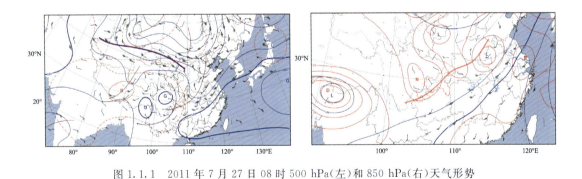

图 1.1.1　2011 年 7 月 27 日 08 时 500 hPa(左)和 850 hPa(右)天气形势

图 1.1.2　2011 年 7 月 27 日 08 时(左)和 20 时(右)中尺度天气环境条件场分析

1

探空资料分析:从沙坪坝、恩施探空资料分析(图1.1.3),7月27日20时重庆本地及周边地区的环境条件有利于重庆地区雷暴大风和冰雹的发生:1)沙坪坝对流有效位能(CAPE)高达 4124 J·kg^{-1},K 指数为 48 ℃、BLI 为 -9 ℃,表明重庆西部上空具有极强的热力不稳定,同时恩施 CAPE 也达到了 2727 J·kg^{-1},K 指数为 41 ℃、BLI 为 -5.5 ℃;2)沙坪坝 700 hPa 到600 hPa 空气接近饱和,600 hPa 以上有干空气层,700 hPa 以下相对湿度逐渐降低,温度层结曲线近似平行于干绝热线,对流层低层温湿层结曲线呈倒 V 形态;3)沙坪坝上空风向随高度升高顺时针旋转,0—3 km 和 0—6 km 垂直风切变分别为 6.4 m·s^{-1} 和 6 m·s^{-1}。

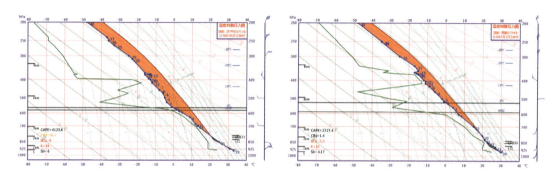

图 1.1.3 2011 年 7 月 27 日 20 时沙坪坝(左)和恩施(右)T-ln$p$ 图

卫星云图和地闪演变分析:造成御临站大风的强风暴云团在 27 日 17:30 以后向西偏北方向发展增强,云顶亮温低于 -72 ℃(图 1.1.4—1.1.5),御临站位于云团向北扩展的亮温梯度大值区前沿。19:30 前,地闪密度大值区主要位于御临站以南,19:30—20:00,御临站以北邻近该测站处为一个地闪密度大值中心(图 1.1.6—1.1.9)。

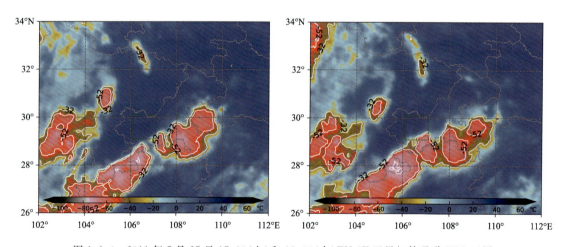

图 1.1.4 2011 年 7 月 27 日 17:30(左)和 18:30(右)FY-2E 卫星红外通道 TBB 云图
(图中绿色虚线框为图 1.1.6 显示的范围)

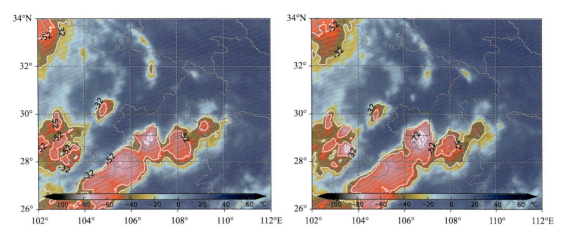

图 1.1.5　2011 年 7 月 27 日 19:00(左)和 19:30(右)FY-2E 卫星红外通道 TBB 云图

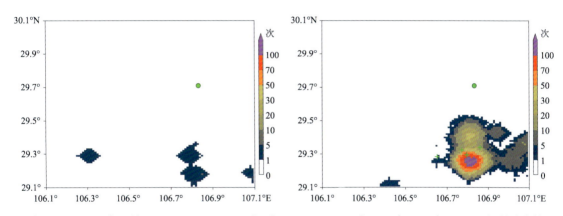

图 1.1.6　2011 年 7 月 27 日 17:00—17:30(左)和 17:30—18:00(右)0.01°×0.01°ADTD 地闪累计次数
(统计半径:格点周围 5 km 范围;图中绿色"+"为正闪,绿色实心圆为御临站位置)

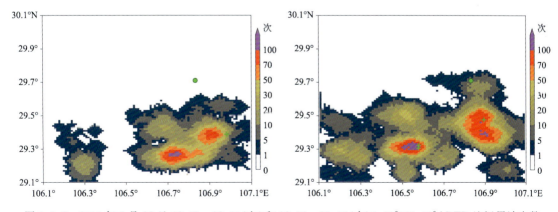

图 1.1.7　2011 年 7 月 27 日 18:00—18:30(左)和 18:30—19:00(右)0.01°×0.01°ADTD 地闪累计次数

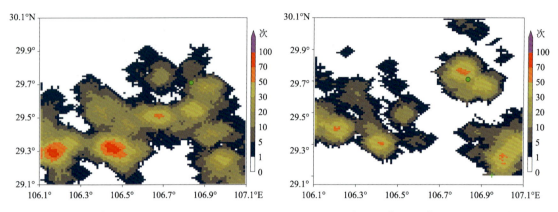

图 1.1.8　2011 年 7 月 27 日 19:00—19:30(左)和 19:30—20:00(右)0.01°×0.01°ADTD 地闪累计次数

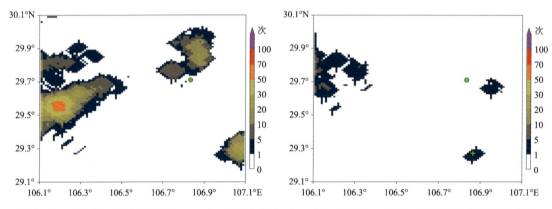

图 1.1.9　2011 年 7 月 27 日 20:00—20:30(左)和 20:30—21:00(右)0.01°×0.01°ADTD 地闪累计次数

　　天气雷达回波演变分析:御临站相对于重庆雷达方位角 58°,距离 39 km。重庆雷达 1.45°和 2.4°仰角波束中心在御临附近的高度分别为 1.6 km 和 2.2 km。从回波演变和降水情况(图 1.1.10—1.1.21)可以看出:17:32 开始,御临站以南有强风暴北移,风暴移动前方出现阵风锋,阵风锋在 18:56 左右靠近御临站,阵风锋后的强风暴快速加强(图 1.1.21,19:00—19:12),60 dBZ 和 65 dBZ 反射率因子分别达到 10 km 和 8 km 高度(图 1.1.18,19:12)。19:12 以后,强反射率因子核迅速下降,16 min 后御临站出现大风,御临站的 18 min 累计降水达到 14 mm(图 1.1.20)。另外,与御临站南面强风暴对应的位置存在自东向西的后侧入流(图 1.1.13,2.4°—4.3°仰角),靠近地面处存在明显辐散(图 1.1.13,0.5°仰角,御临站东南偏南),强风暴随高度向东偏北方向倾斜(比较图 1.1.11 的 1.45°、6.0°和 9.9°仰角反射率因子,御临站东南的强回波中心),反射率因子图上表现出弓形回波特征(图 1.1.11)。19:14 左右,弓形回波东侧的后侧入流形成的原因不明,一种猜测是向北扩展的阵风锋可能导致了反气旋式的近风暴环流。

　　临近预报关注点:卫星红外云图上,强风暴云团的亮温梯度大值区迅速扩大,其前沿易发生大风。高闪电密度表明对流发展强盛。阵风锋后的强风暴强烈发展,强反射率因子核迅速下降导致地面大风。此类风暴可能具有后侧入流、弓形回波和风暴随高度倾斜的特征。

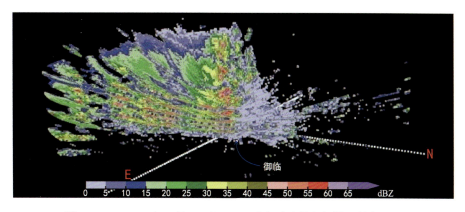

图 1.1.10 2011 年 7 月 27 日 19:14 重庆雷达体积扫描反射率因子
（体扫模式：VCP21；御临站相对于重庆雷达方位角 58°，距离 39 km）

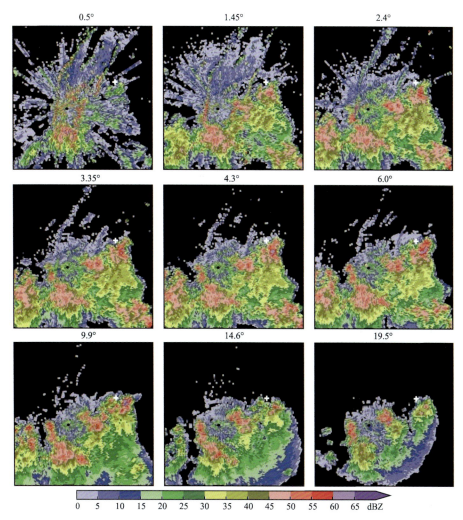

图 1.1.11 2011 年 7 月 27 日 19:14 重庆雷达不同仰角反射率因子
（体扫模式：VCP21；显示范围同图 1.1.6，图中白色"＋"为御临站位置）

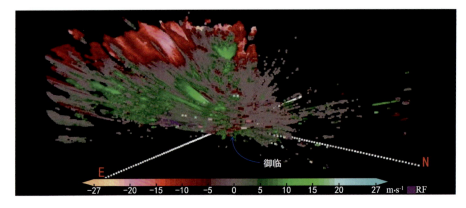

图 1.1.12　2011 年 7 月 27 日 19：14 重庆雷达体积扫描平均径向速度
（体扫模式：VCP21；御临站相对于重庆雷达方位角 58°，距离 39 km）

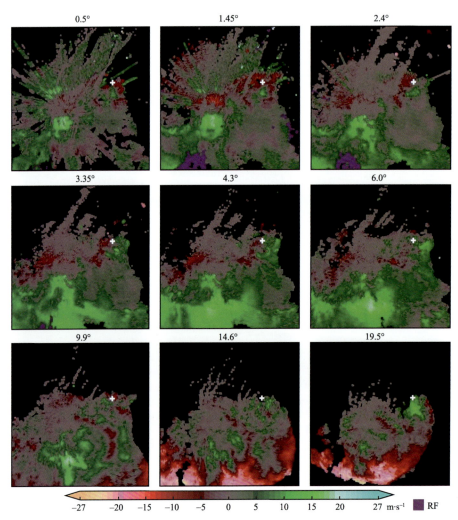

图 1.1.13　2011 年 7 月 27 日 19：14 重庆雷达不同仰角平均径向速度
（体扫模式：VCP21；显示范围同图 1.1.6，图中白色"＋"为御临站位置）

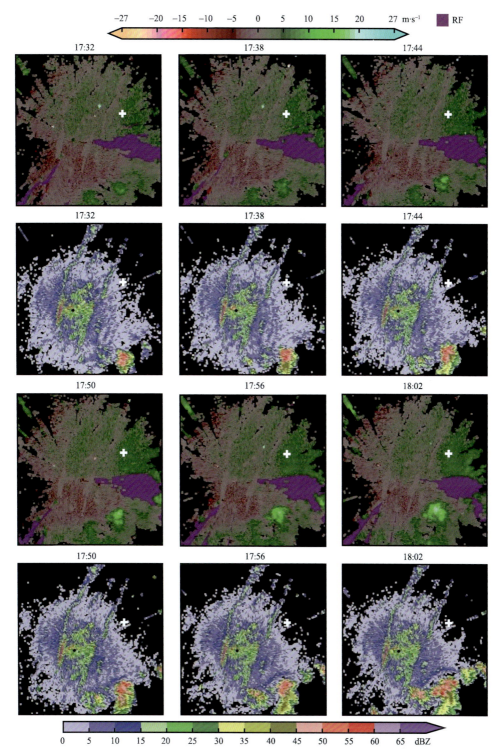

图 1.1.14　2011 年 7 月 27 日 17:32—18:02 重庆 1.45°仰角平均径向速度(第 1、3 行)和
2.4°仰角反射率因子(第 2、4 行)

(体扫模式:VCP21;显示范围同图 1.1.6,图中白色"+"为御临站位置)

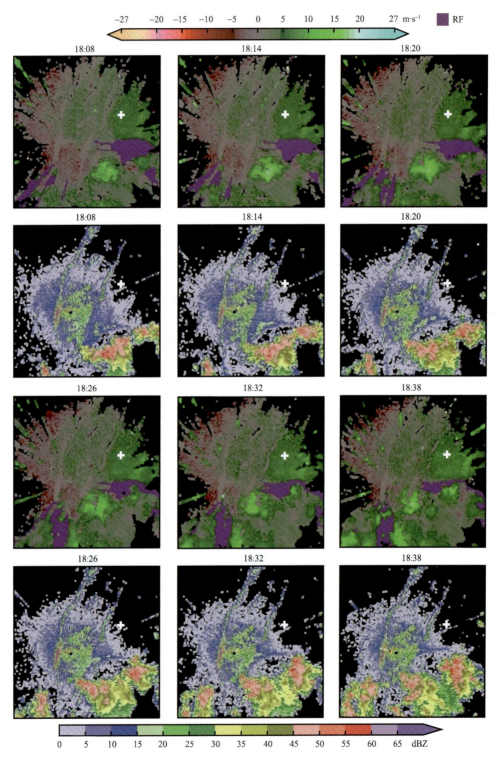

图 1.1.15 2011 年 7 月 27 日 18:08—18:38 重庆 1.45°仰角平均径向速度(第 1、3 行)和
2.4°仰角反射率因子(第 2、4 行)

(体扫模式:VCP21;显示范围同图 1.1.6,图中白色"+"为御临站位置)

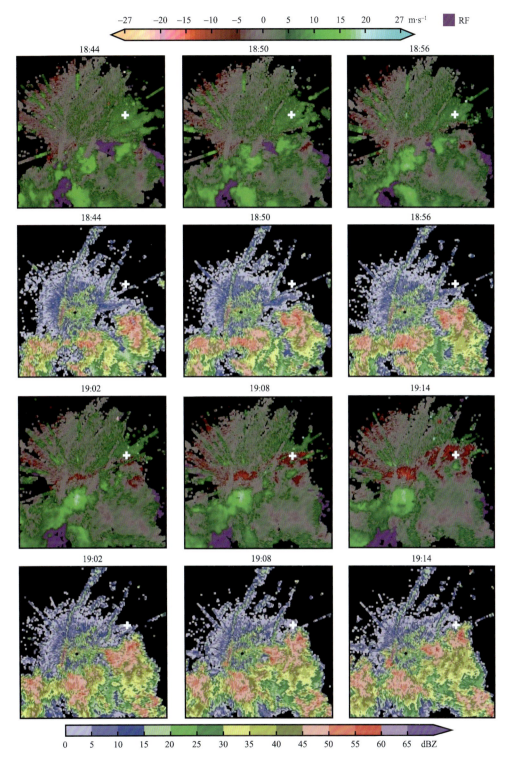

图 1.1.16　2011 年 7 月 27 日 18:44—19:14 重庆 1.45°仰角平均径向速度(第 1、3 行)和
2.4°仰角反射率因子(第 2、4 行)

(体扫模式:VCP21;显示范围同图 1.1.6,图中白色"＋"为御临站位置)

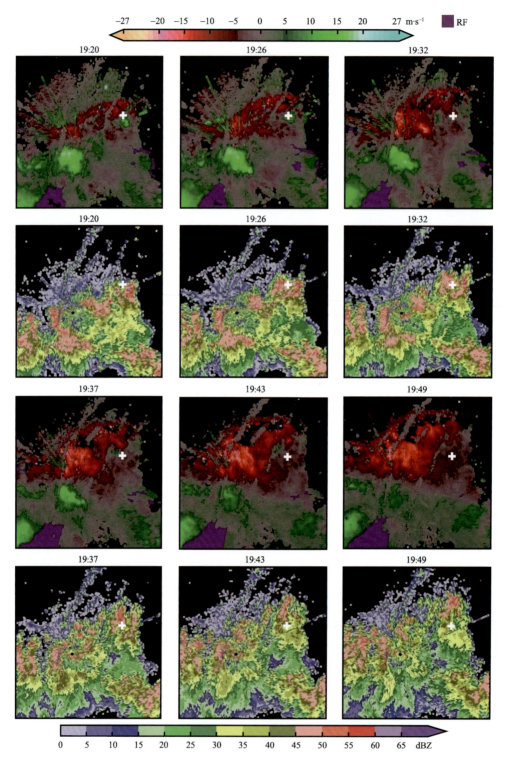

图 1.1.17 2011 年 7 月 27 日 19:20—19:49 重庆 1.45°仰角平均径向速度(第 1、3 行)和
2.4°仰角反射率因子(第 2、4 行)

(体扫模式:VCP21;显示范围同图 1.1.6,图中白色"+"为御临站位置)

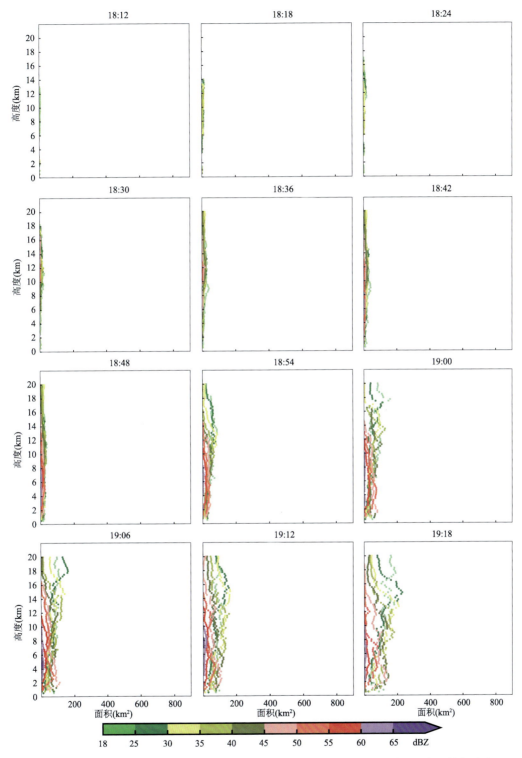

图 1.1.18　2011 年 7 月 27 日 18:12—19:18 以御临站为中心 0.4°×0.4°范围内反射率因子
面积随高度分布

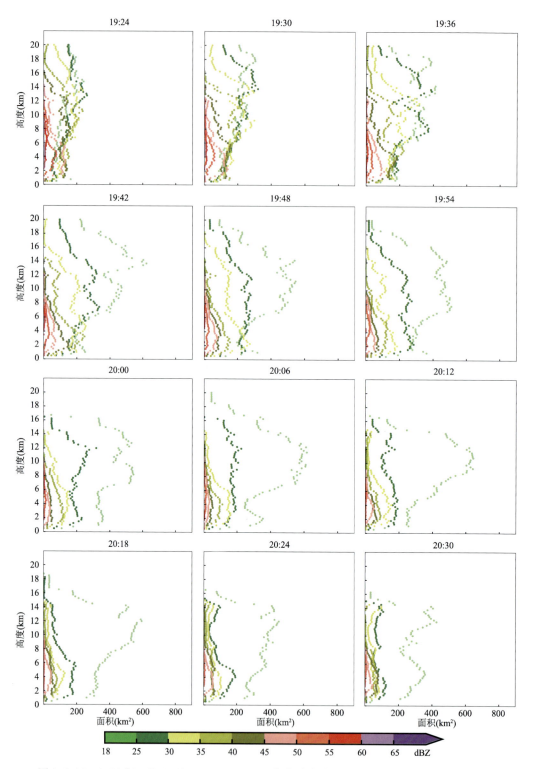

图 1.1.19　2011 年 7 月 27 日 19:24—20:30 以御临站为中心 0.4°×0.4°范围内反射率因子

面积随高度分布

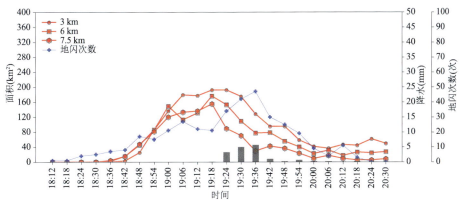

图 1.1.20　2011 年 7 月 27 日 18:12—20:30 以御临站为中心 0.4°×0.4°范围内不同高度层
（3 km、6 km 和 7.5 km）45 dBZ 反射率因子面积变化；以御临站为中心、半径 20 km 范围内的
地闪次数（蓝色折线）和御临站降水（柱图）

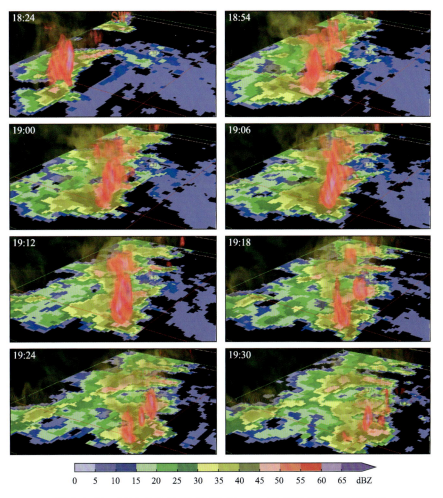

图 1.1.21　2011 年 7 月 27 日 18:24—19:30 反射率因子三维视图
（御临站位于红色实线交叉点）

1.2 2013年3月10日云阳县凤鸣镇冰雹

实况：2013年3月10日02:40左右，重庆云阳县凤鸣镇降鸡蛋大小的冰雹（冰雹发生时间根据雷达回波估计）。

主要影响系统：700 hPa温度槽，850 hPa干线，850 hPa低涡切变线，850 hPa温度脊，地面冷锋（图1.2.1—1.2.2）。

系统配置及演变：斜压锋生类。9日20时，强冷锋到达秦岭—大巴山一带，850 hPa干线也位于这一地区，锋前四川盆地为均压场，850 hPa湿舌及温度脊自贵州北部伸向重庆东北部。9日20时—10日08时，地面冷锋及850 hPa干线显著南移，侵入锋前湿舌和温度脊区域，有利于强对流天气的发生（图1.2.1—1.2.2）。

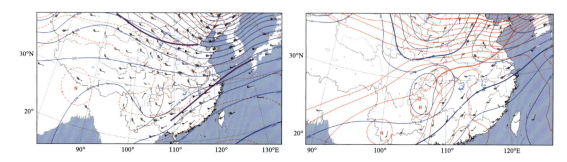

图1.2.1 2013年3月9日20时500 hPa（左）和850 hPa（右）天气形势

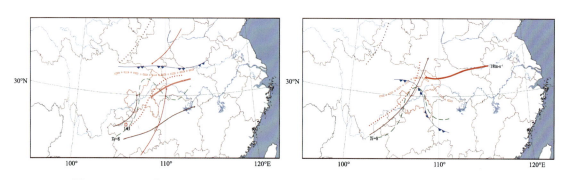

图1.2.2 2013年3月9日20时（左）和10日08时（右）中尺度天气环境条件场分析

探空资料分析：从达州、恩施探空资料(图 1.2.3)分析，3 月 9 日 20 时重庆本地及周边地区的环境条件有利于重庆东北部地区雷暴大风和冰雹的发生：1)达州、恩施 850 hPa 与 500 hPa 温度差分别达到 31 ℃和 33 ℃，BLI 值分别为－3.8 ℃和－5.4 ℃，具有强的热力不稳定；2)达州上空 700 hPa 附近接近饱和，700 hPa 到对流层高层为干空气，对流层低层湿度较低，温湿层结曲线呈倒 V 形态；3)达州、恩施上空 0 ℃和－20 ℃层高度分别为 3.8 km、6.5 km 和 3.9 km、6.4 km，有利于冰雹的形成。

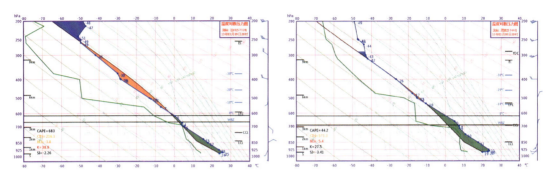

图 1.2.3　2013 年 3 月 9 日 20 时达州(左)和恩施(右)T-lnp 图

卫星云图和地闪演变分析：造成凤鸣镇大冰雹的强风暴云团稳定在重庆市东北部，凤鸣站位于云团西南部的云顶亮温梯度大值区，随着对流的发展，云团西南部的云顶亮温梯度大值区向东南扩展(图 1.2.4—1.2.5)。10 日 01:30 后，凤鸣站附近有东西向带状分布的地闪密集区，凤鸣站西面偏南的地闪密度较该测站以东的大，表明对流向西南传播(图 1.2.6—1.2.9)。

天气雷达回波演变分析：凤鸣站相对于恩施雷达方位角 323°，距离 81 km。恩施雷达 0.5°仰角和 1.45°仰角波束中心在凤鸣站附近的高度分别为 2.9 km 和 4.3 km。从回波演变和降水情况(图 1.2.10—1.2.19)可以看出：01:27 以后，凤鸣站附近一直有强风暴单体发展，从图 1.2.18 可见这些对流单体的 45 dBZ 反射率因子普遍发展到 6 km 以上，多个时次发展到 7.5 km 以上。02:30 左右，凤鸣站附近低层东南风分量在 15 m·s⁻¹ 以上，强风暴随高度向东南方向倾斜，回波悬垂非常明显(图 1.2.19)。风暴发展强盛时，凤鸣站附近的地闪密度也较大(图 1.2.18，02:24)，02:30 出现发展高度达 8 km 的 60 dBZ 强反射率因子(图 1.2.17)。地面 6 min 降水最大仅 0.5 mm(凤鸣站不在风暴中心，降水情况不一定具有代表性)。发生大冰雹的原因可能与 0 ℃层在 4 km 以下有关。

临近预报关注点：卫星红外云图上，强风暴云团稳定加强，云顶亮温梯度大值区的扩展方向可能是对流传播方向。强风暴附近，径向速度图上有较强的低层入流，入流导致强风暴随高度向入流方向倾斜，具有明显的回波悬垂特征。虽然 60 dBZ 以上强反射率因子的范围不大，但是由于 0 ℃层在 4 km 以下，导致降下大冰雹。

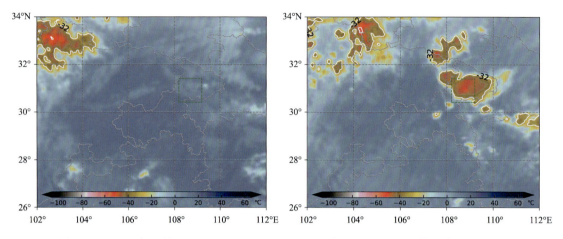

图 1.2.4 2013 年 3 月 9 日 23:00(左)和 10 日 02:30(右)FY-2F 卫星红外通道 TBB 云图
（图中绿色虚线框为图 1.2.6 显示的范围）

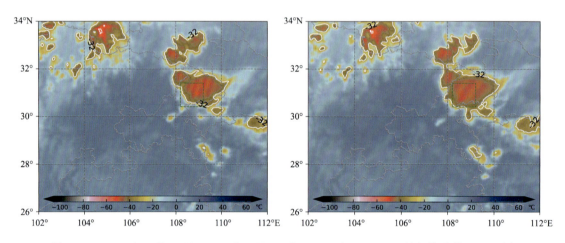

图 1.2.5 2013 年 3 月 10 日 03:00(左,FY-2E)和 03:30(右,FY-2F)卫星红外通道 TBB 云图

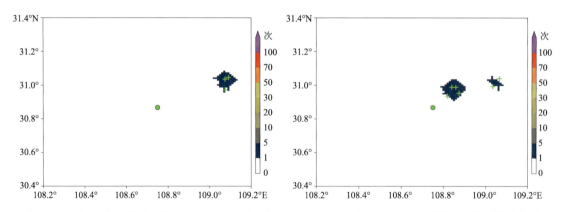

图 1.2.6 2013 年 3 月 10 日 00:00—00:30(左)和 00:30—01:00(右)0.01°×0.01°ADTD 地闪累计次数
（统计半径:格点周围 5 km 范围;图中绿色"＋"为正闪,绿色实心圆为凤鸣站位置）

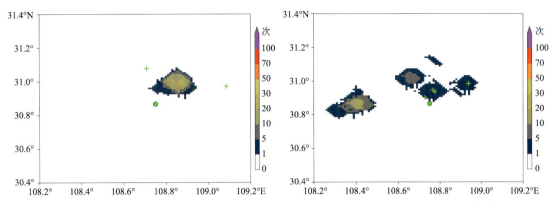

图 1.2.7　2013 年 3 月 10 日 01:00—01:30(左)和 01:30—02:00(右)0.01°×0.01°ADTD
地闪累计次数

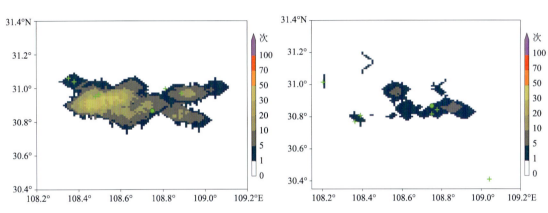

图 1.2.8　2013 年 3 月 10 日 02:00—02:30(左)和 02:30—03:00(右)0.01°×0.01°ADTD
地闪累计次数

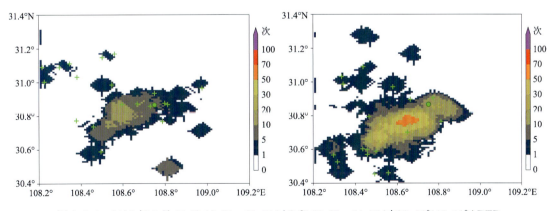

图 1.2.9　2013 年 3 月 10 日 03:00—03:30(左)和 03:30—04:00(右)0.01°×0.01°ADTD
地闪累计次数

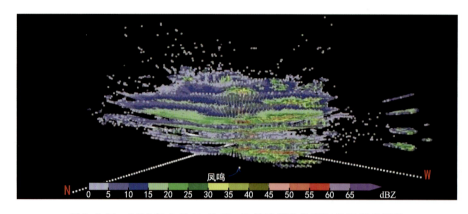

图 1.2.10　2013 年 3 月 10 日 02:40 恩施雷达体积扫描反射率因子
（体扫模式：VCP21；凤鸣站相对于恩施雷达方位角 323°，距离 81 km）

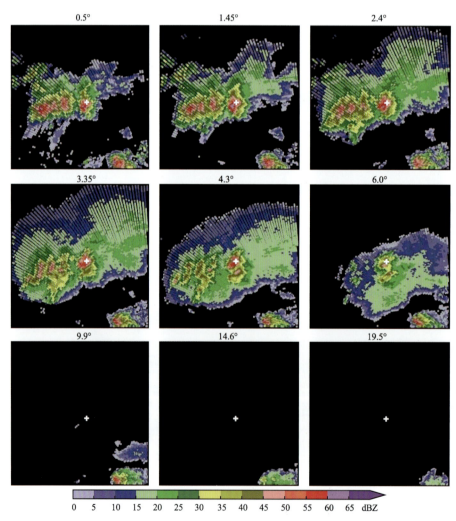

图 1.2.11　2013 年 3 月 10 日 02:40 恩施雷达不同仰角反射率因子
（体扫模式：VCP21；显示范围同图 1.2.6，图中白色"＋"为凤鸣站位置）

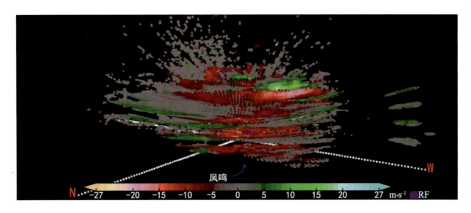

图 1.2.12 2013 年 3 月 10 日 02:40 恩施雷达体积扫描平均径向速度
（体扫模式：VCP21；凤鸣站相对于恩施雷达方位角 323°，距离 81 km）

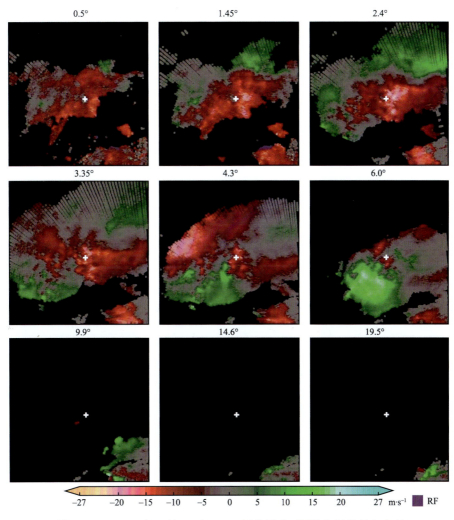

图 1.2.13 2013 年 3 月 10 日 02:40 恩施雷达不同仰角平均径向速度
（体扫模式：VCP21；显示范围同图 1.2.6，图中白色"＋"为凤鸣站位置）

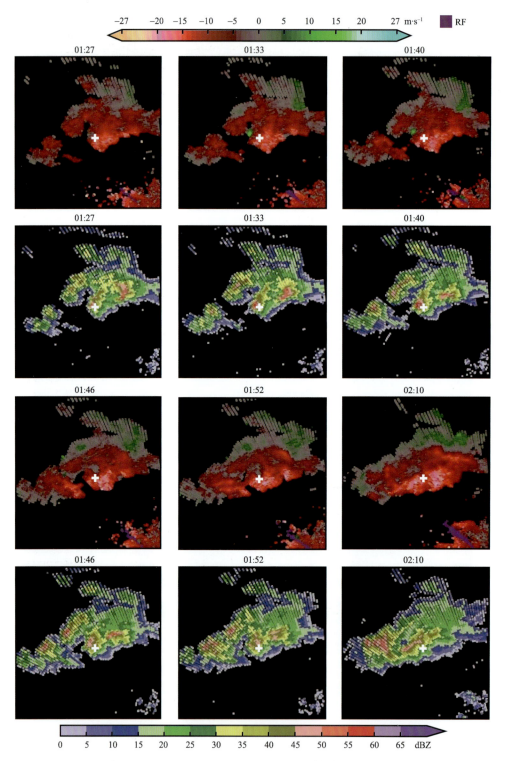

图 1.2.14　2013 年 3 月 10 日 01:27—02:10 恩施雷达 2.4°仰角平均径向速度(第 1、3 行)和
1.45°仰角反射率因子(第 2、4 行)

(体扫模式:VCP21;显示范围同图 1.2.6,图中白色"＋"为凤鸣站位置)

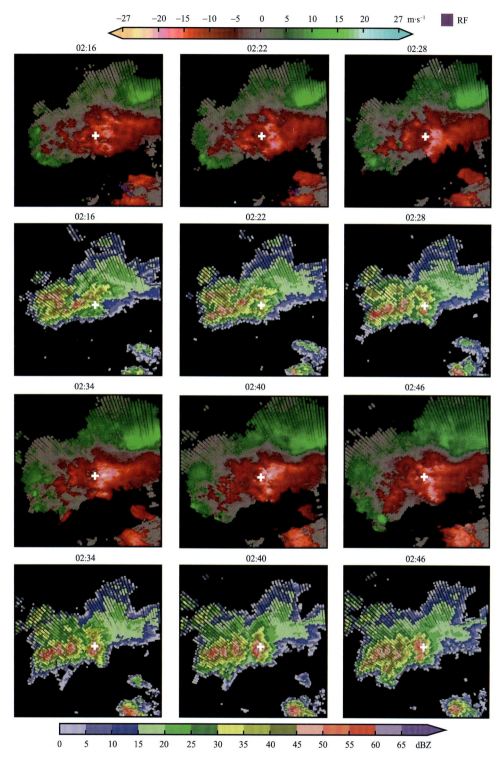

图 1.2.15　2013 年 3 月 10 日 02:16—02:46 恩施雷达 2.4°仰角平均径向速度(第 1、3 行)和

1.45°仰角反射率因子(第 2、4 行)

(体扫模式:VCP21;显示范围同图 1.2.6,图中白色"+"为凤鸣站位置)

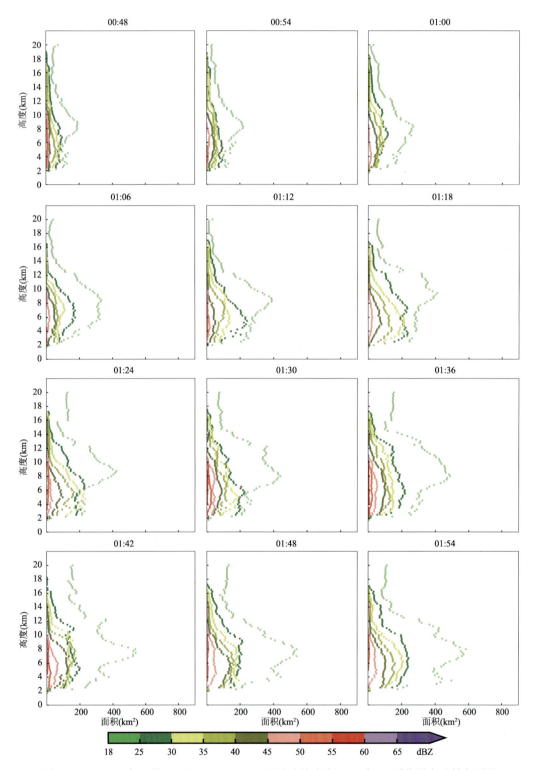

图 1.2.16　2013 年 3 月 10 日 00:48—01:54 以凤鸣站为中心 0.4°×0.4°范围内反射率因子
面积随高度分布

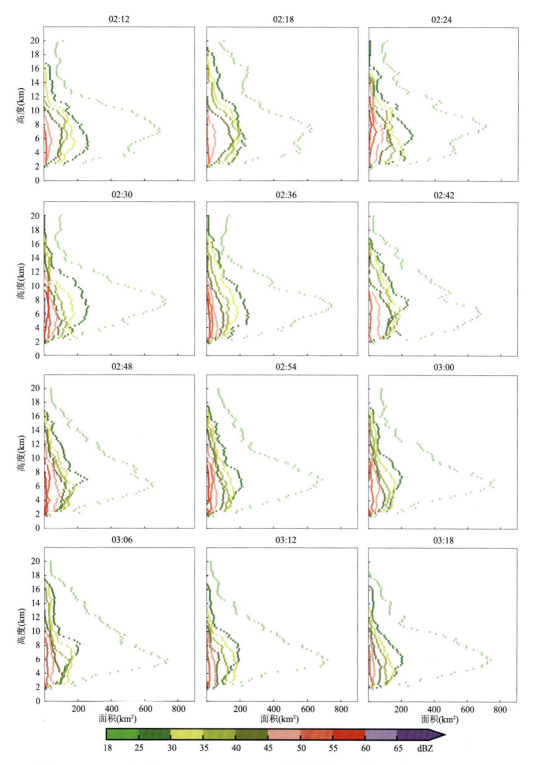

图 1.2.17　2013 年 3 月 10 日 02:12—03:18 以凤鸣站为中心 0.4°×0.4°范围内反射率因子
面积随高度分布

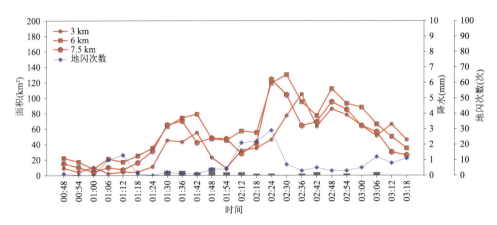

图 1.2.18　2013 年 3 月 10 日 00:48—03:18 以凤鸣站为中心 0.4°×0.4°范围内不同高度层(3 km、6 km 和 7.5 km)45 dBZ 反射率因子面积变化(缺 02:00 和 02:06 拼图资料);相应时段以凤鸣站为中心、半径 20 km 范围内的地闪次数(蓝色折线)和凤鸣站降水(柱图)

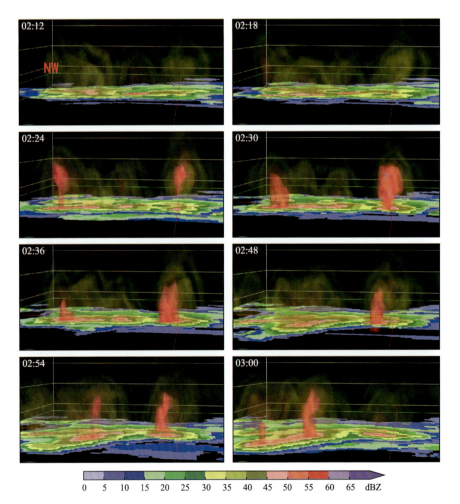

图 1.2.19　2013 年 3 月 10 日 02:12—03:00 反射率因子三维视图(凤鸣站位于红色实线交叉点)

1.3　2014 年 4 月 18 日沙坪坝区曾家镇冰雹

实况:2014 年 4 月 18 日 00:00 左右,重庆沙坪坝区曾家镇降冰雹,最大直径 3 cm。

主要影响系统:500 hPa 低槽,700 hPa 辐合线,低空急流,地面至 850 hPa 热低压,850 hPa 温度脊(图 1.3.1—1.3.2)。

系统配置及演变:低层暖平流强迫类。17 日 20 时,重庆地面至 850 hPa 为热低压控制,空气暖湿且不稳定性显著,850 hPa 至 500 hPa 受深厚的西南气流影响,且宜宾到达州一带 700 hPa 具有显著的风速辐合,辐合线南部有干空气入侵;17 日 20 时—18 日 08 时,500 hPa 有波动槽东移,700 hPa 急流进一步向北伸展,有利于不稳定能量在夜间释放(图 1.3.1—1.3.2)。

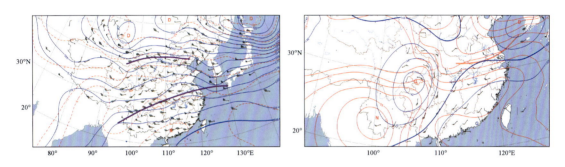

图 1.3.1　2014 年 4 月 17 日 20 时 500 hPa(左)和 850 hPa(右)天气形势

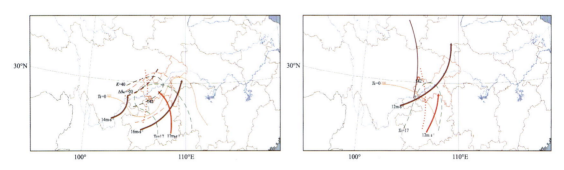

图 1.3.2　2014 年 4 月 17 日 20 时(左)和 18 日 08 时(右)中尺度天气环境条件场分析

探空资料分析: 从沙坪坝、达州探空资料(图1.3.3)分析,4月17日20时重庆本地及周边地区的环境条件有利于重庆地区雷暴大风和冰雹的发生:1)沙坪坝、达州850 hPa比湿分别为15 g·kg^{-1}和12 g·kg^{-1},对流层中低层有较好的水汽条件;2)沙坪坝、达州CAPE分别达到1270 J·kg^{-1}和1403 J·kg^{-1},K指数为40 ℃和39 ℃,BLI值为-3.4 ℃和-3.2 ℃,两地对流层具有明显的热力不稳定;3)沙坪坝上空700 hPa到对流层高层有明显的干空气层,与850 hPa至700 hPa的湿层形成"上干冷、下暖湿"的温湿结;4)沙坪坝上空风向随高度升高顺时针旋转明显,0—3 km和0—6 km垂直风切变较强,分别达到16.1 m·s^{-1}和21.5 m·s^{-1};5)沙坪坝0 ℃层高度为4.76 km,-20 ℃层高度为7.48 km,有利于冰雹天气的发生。

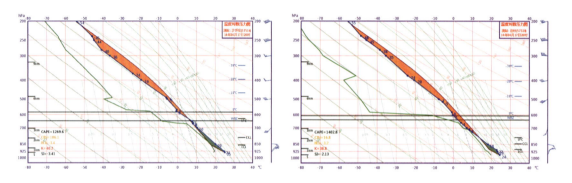

图1.3.3　2014年4月17日20时沙坪坝(左)和达州(右)T-ln$p$图

卫星云图和地闪演变分析: 造成曾家镇大冰雹的强风暴云团发展迅速并快速向东偏北方向移动(图1.3.4—1.3.5),云顶亮温低于-52 ℃。17日22:00—18日00:30,曾家站附近地闪密度较大(图1.3.6—1.3.9)。

天气雷达回波演变分析: 曾家站相对于永川雷达方位角52°,距离57 km。永川雷达0.5°仰角和1.45°仰角波束中心在曾家站附近的高度分别为1.4 km和2.4 km。从回波演变和降水情况(图1.3.10—1.3.21)可以看出:4月17日23:00,曾家站以西50 km左右出现一个明显的中涡旋,以该中涡旋对应的强风暴的出流在23:13左右在其西南偏南触发新的对流单体,新单体向东偏北快速移动并分离为南、北两个部分(图1.3.16,23:38),南部明显强于北部,表现出经典的右移风暴特征。该右移风暴的对流发展非常旺盛,45 dBZ以上反射率因子的面积在不同高度上几乎相等(图1.3.20)。17日23:48,60 dBZ和65 dBZ的强回波分别发展到15 km和12 km以上(图1.3.19),反射率因子三维视图上风暴随高度向东南方向倾斜,回波悬垂非常明显(图1.3.21)。由于回波移动速度快,地面6 min降水最大在5 mm以下(曾家站不在风暴中心,对整个曾家镇的降水情况不一定具有代表性)。

临近预报关注点: 卫星红外云图上,强风暴云团发展迅速并快速移动。天气雷达径向速度图上有中涡旋。回波演变表现为风暴出流触发新生单体,风暴移动速度快,右移风暴强烈发展并具有明显的回波悬垂特征。

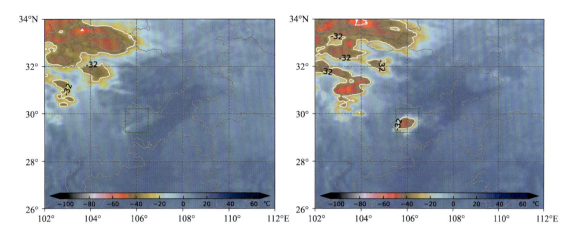

图 1.3.4　2014 年 4 月 17 日 21:00(左)和 22:00(右)FY-2E 卫星红外通道 TBB 云图

（图中绿色虚线框为图 1.3.6 显示的范围）

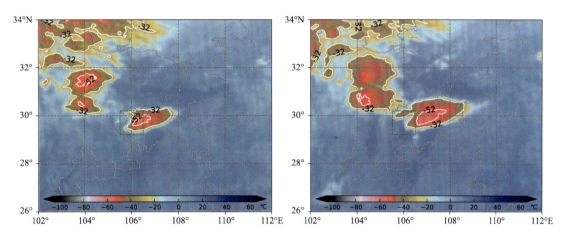

图 1.3.5　2014 年 4 月 17 日 23:00(左)和 18 日 00:00(右)FY-2E 卫星红外通道 TBB 云图

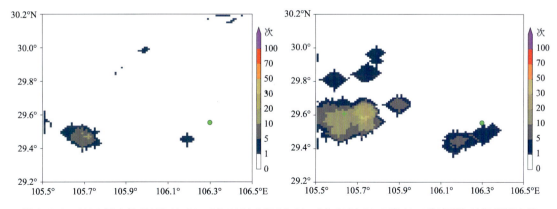

图 1.3.6　2014 年 4 月 17 日 21:30—22:00(左)和 22:00—22:30(右)0.01°×0.01°ADTD 地闪累计次数

（统计半径:格点周围 5 km 范围;图中绿色"+"为正闪,绿色实心圆为曾家站位置）

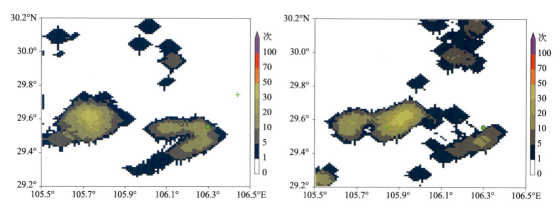

图 1.3.7　2014 年 4 月 17 日 22:30—23:00(左)和 23:00—23:30(右)0.01°×0.01°ADTD
地闪累计次数

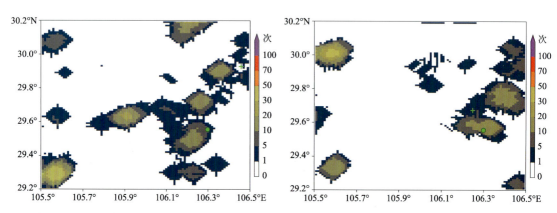

图 1.3.8　2014 年 4 月 17 日 23:30—18 日 00:00(左)和 18 日 00:00—00:30(右)0.01°×0.01°ADTD
地闪累计次数

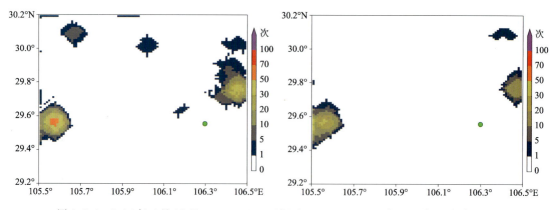

图 1.3.9　2014 年 4 月 18 日 00:30—01:00(左)和 01:00—01:30(右)0.01°×0.01°ADTD
地闪累计次数

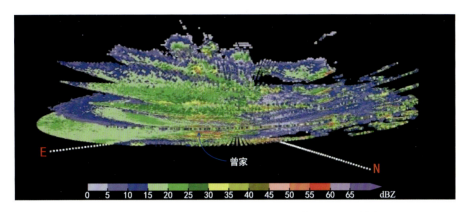

图 1.3.10　2014 年 4 月 17 日 23:56 永川雷达体积扫描反射率因子
（体扫模式:VCP21;曾家站相对于永川雷达方位角 52°,距离 57 km）

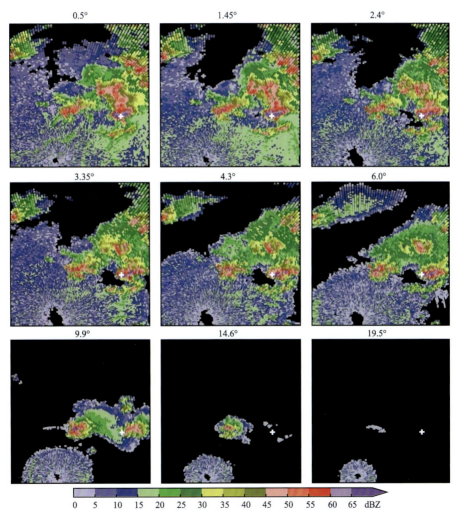

图 1.3.11　2014 年 4 月 17 日 23:56 永川雷达不同仰角反射率因子
（体扫模式:VCP21;显示范围同图 1.3.6,图中白色"＋"为曾家站位置）

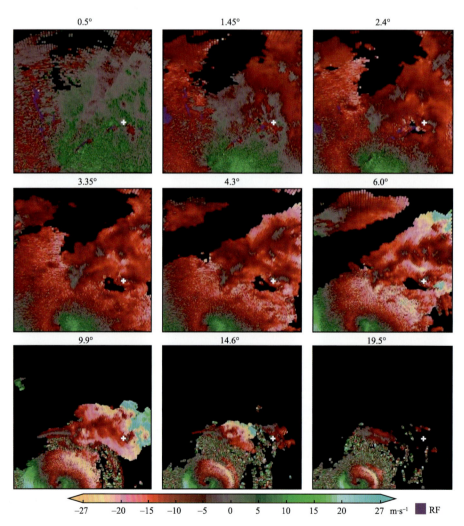

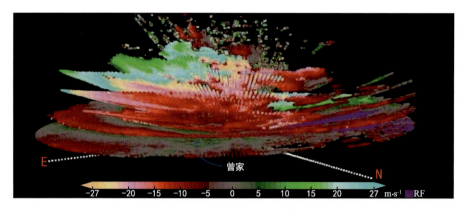

图 1.3.12　2014 年 4 月 17 日 23:56 永川雷达体积扫描平均径向速度
（体扫模式:VCP21;曾家站相对于永川雷达方位角 52°,距离 57 km）

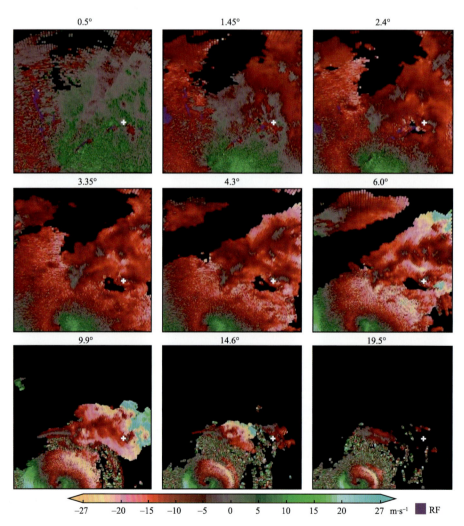

图 1.3.13　2014 年 4 月 17 日 23:56 永川雷达不同仰角平均径向速度
（体扫模式:VCP21;显示范围同图 1.3.6,图中白色"＋"为曾家站位置）

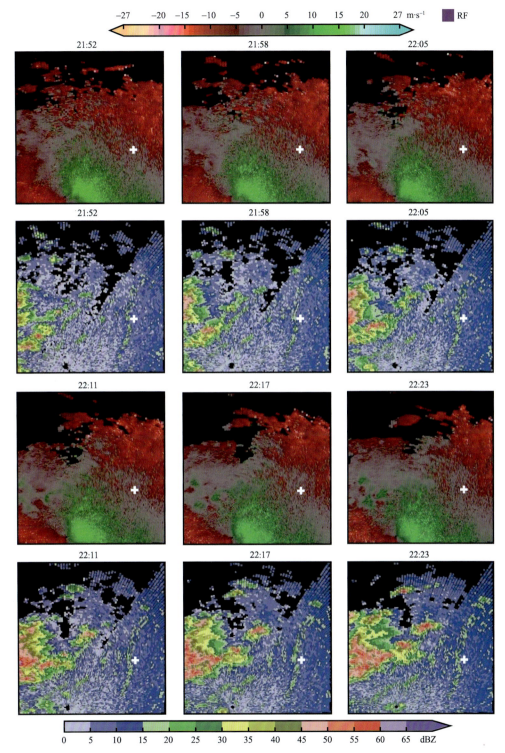

图 1.3.14　2014 年 4 月 17 日 21:52—22:23 永川雷达 1.45°仰角平均径向速度(第 1、3 行)和
0.5°仰角反射率因子(第 2、4 行)

(体扫模式:VCP21;显示范围同图 1.3.6,图中白色"+"为曾家站位置)

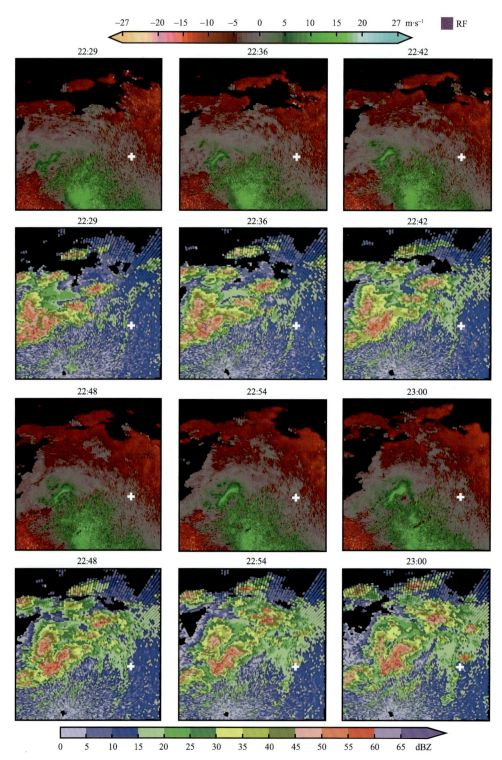

图 1.3.15 2014 年 4 月 17 日 22:29—23:00 永川雷达 1.45°仰角平均径向速度(第 1、3 行)和
0.5°仰角反射率因子(第 2、4 行)

(体扫模式:VCP21;显示范围同图 1.3.6,图中白色"+"为曾家站位置)

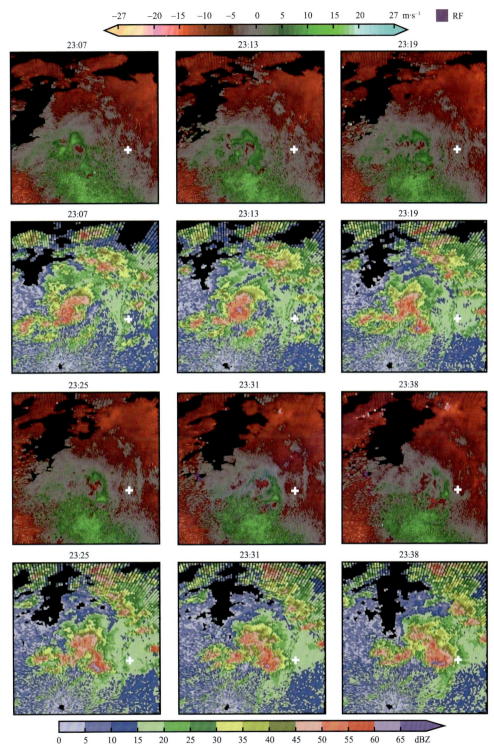

图 1.3.16　2014 年 4 月 17 日 23:07—23:38 永川雷达 1.45°仰角平均径向速度(第 1、3 行)和
0.5°仰角反射率因子(第 2、4 行)

(体扫模式:VCP21;显示范围同图 1.3.6,图中白色"+"为曾家站位置)

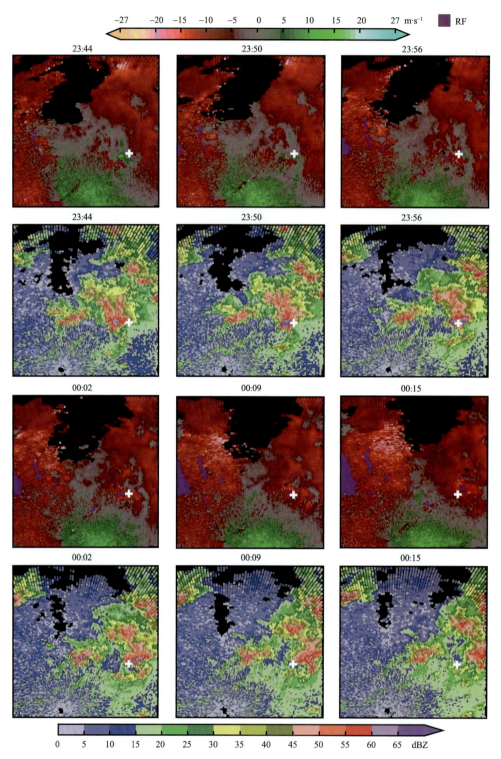

图 1.3.17 2014 年 4 月 17 日 23:44—18 日 00:15 永川雷达 1.45°仰角平均径向速度(第 1、3 行)和
0.5°仰角反射率因子(第 2、4 行)

(体扫模式:VCP21;显示范围同图 1.3.6,图中白色"+"为曾家站位置)

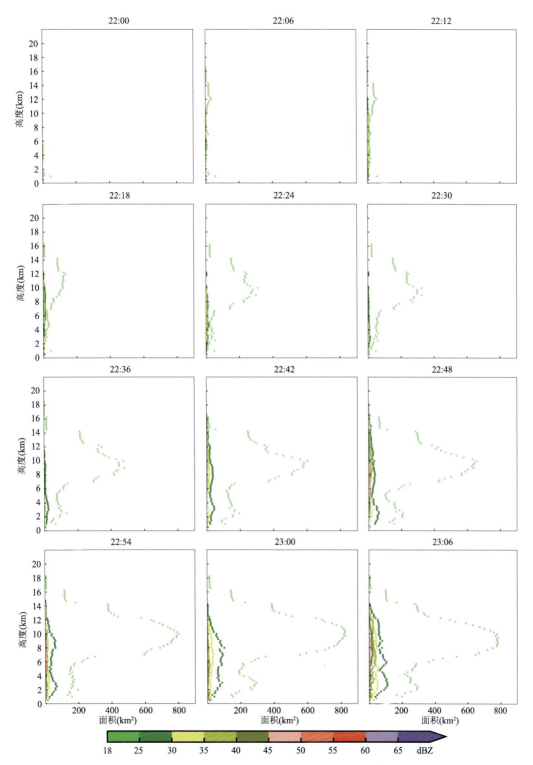

图 1.3.18　2014 年 4 月 17 日 22:00—23:06 以曾家站为中心 0.4°×0.4°范围内反射率因子面积随高度分布

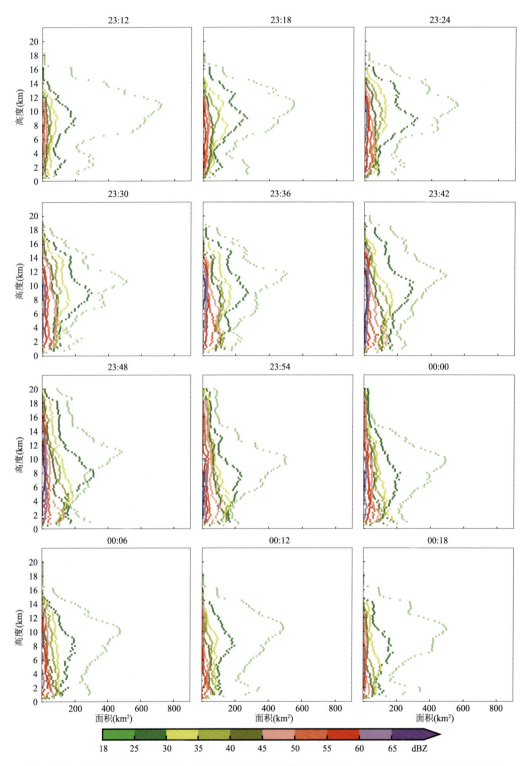

图 1.3.19　2014 年 4 月 17 日 23:12—18 日 00:18 以曾家站为中心 0.4°×0.4°范围内反射率因子
面积随高度分布

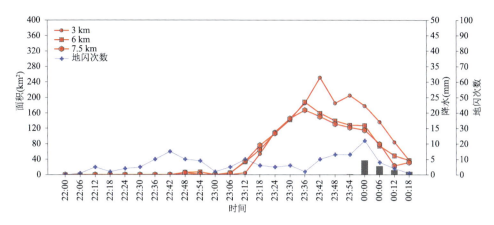

图 1.3.20　2014 年 4 月 17 日 22:00—18 日 00:18 以曾家站为中心 0.4°×0.4°范围内不同高度层
（3 km、6 km 和 7.5 km）45 dBZ 反射率因子面积变化；相应时段以曾家站为中心、半径 20 km
范围内的地闪次数（蓝色折线）和曾家站降水（柱图）

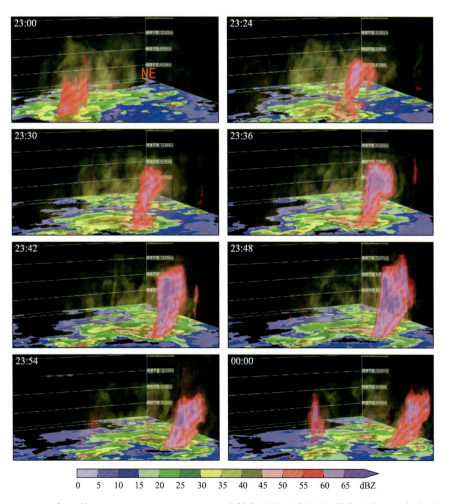

图 1.3.21　2014 年 4 月 17 日 23:00—18 日 00:00 反射率因子三维视图（曾家站位于红色实线交叉点）

1.4 2015年4月2日合川区肖家站雷暴大风

实况：2015年4月2日02:46和03:07，重庆合川区肖家站和合川站分别发生极大风速达28.0 m·s⁻¹和24.3 m·s⁻¹的大风。合川站位于肖家站西南偏南，距离41 km。

主要影响系统：500 hPa冷槽，850 hPa至700 hPa切变线，地面至850 hPa暖低压，850 hPa温度脊，低空急流，地面冷锋（图1.4.1—1.4.2）。

系统配置及演变：斜压锋生类。1日20时，500 hPa前倾低槽位于重庆东部，槽后冷平流显著，700 hPa切变线位于四川盆地北部，地面冷锋到达秦岭—大巴山北侧，重庆大部地区为低槽后部的低空暖低压控制；1日20时至2日08时，切变线及冷空气东移南下影响重庆大部地区，形成强对流天气（图1.4.1—1.4.2）。

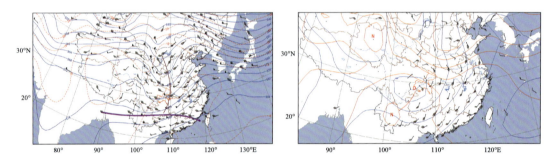

图1.4.1 2015年4月1日20时500 hPa（左）和850 hPa（右）天气形势

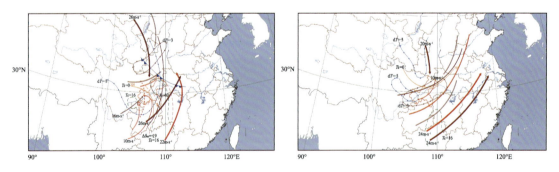

图1.4.2 2015年4月1日20时（左）和2日08时（右）中尺度天气环境条件场分析

　　探空资料分析：从沙坪坝、达州探空资料(图 1.4.3)分析，4 月 1 日 20 时重庆本地及周边地区的环境条件有利于重庆地区雷暴大风的发生：1)沙坪坝、达州 CAPE 较大，分别为 1107 J·kg^{-1}、1788 J·kg^{-1}；2)沙坪坝、达州 850 hPa 与 500 hPa 温度差分别达到 35.7 ℃ 和 31.5 ℃，较为少见，表明重庆上空大气层结极不稳定；3)沙坪坝站从近地面的偏东北风顺时针旋转到 700 hPa 的西南风，0—3 km 和 0—6 km 垂直风切变分别达到 16 m·s^{-1} 和 17 m·s^{-1}，具有较强的垂直风切变环境条件；4)沙坪坝、达州上空 700 hPa 附近接近饱和，700 hPa 以上有明显的干空气层，对流层低层湿度低，温湿层结曲线呈倒 V 形态。

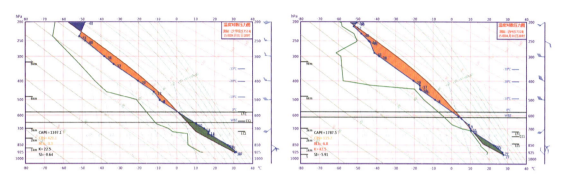

图 1.4.3　2015 年 4 月 1 日 20 时沙坪坝(左)和达州(右)$T\text{-}\ln p$ 图

　　卫星云图和地闪演变分析：大风发生前后，肖家站附近的强风暴云团快速东移南压，低于 −52 ℃ 区域的亮温分布较为平缓(图 1.4.4—1.4.5)。肖家站附近地闪分布范围广，但地闪密度较小(图 1.4.6—1.4.9)。

　　天气雷达回波演变分析：肖家站相对于重庆雷达方位角 359°，距离 85 km；合川站相对于重庆雷达方位角 336°，距离 54 km。0.5°仰角在合川站所在方位附近的波束阻挡较为严重(图 1.4.10—1.4.11)。从图 1.4.12—1.4.13 可见，肖家站上空的低层为较强的偏北气流，中层为偏南气流，斜压性明显，表明冷空气由低层楔入，在冷空气前端由于动力抬升作用容易造成对流，但强度不一定很强，强回波的质心较低(图 1.4.16—1.4.17)，因此地闪密度也较小。回波移速快，01:59—02:34(图 1.4.14—1.4.15)，回波前沿大约东移南压了 30 km，移速 50~60 km·h^{-1}。从图 1.4.18 可见，带状回波东移南压，在其所经之处均有可能造成地面大风，同时由于移速快，地面累计降水并不大(图 1.4.17)。

　　临近预报关注点：卫星红外亮温分布较平缓，云团移动速度快。北面冷空气从低层楔入造成偏北大风速区。快速东移南压的带状回波。对于强冷空气和强对流共同造成的大风，在关注强风暴的同时，还要加强上游地面观测资料的分析。

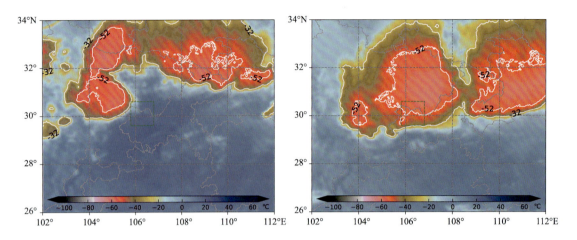

图 1.4.4　2015 年 4 月 1 日 23:00(左)和 2 日 03:00(右)FY-2E 卫星红外通道 TBB 云图
(图中绿色虚线框为图 1.4.6 显示的范围)

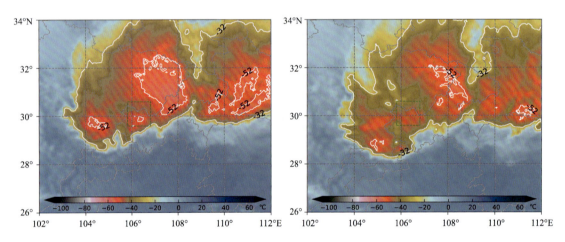

图 1.4.5　2015 年 4 月 2 日 04:00(左)和 2 日 05:00(右)FY-2E 卫星红外通道 TBB 云图

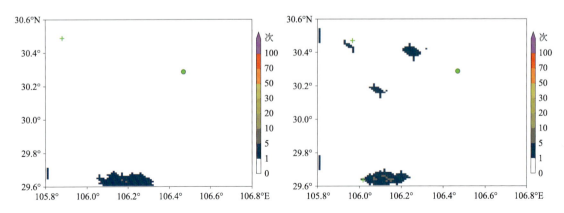

图 1.4.6　2015 年 4 月 2 日 01:00—01:30(左)和 01:30—02:00(右)0.01°×0.01°ADTD 地闪累计次数
(统计半径:格点周围 5 km 范围;图中绿色"＋"为正闪,绿色实心圆为肖家站位置)

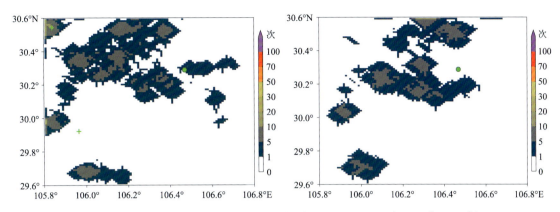

图 1.4.7　2015 年 4 月 2 日 02:00—02:30(左)和 02:30—03:00(右)0.01°×0.01°ADTD
地闪累计次数

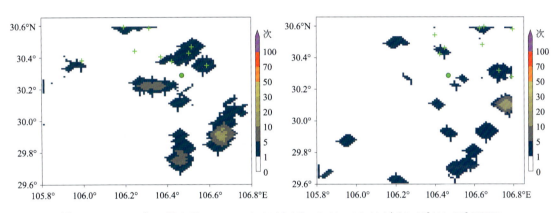

图 1.4.8　2015 年 4 月 2 日 03:00—03:30(左)和 03:30—04:00(右)0.01°×0.01°ADTD
地闪累计次数

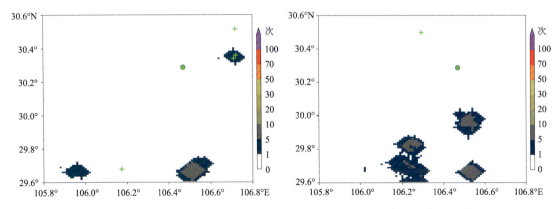

图 1.4.9　2015 年 4 月 2 日 04:00—04:30(左)和 04:30—05:00(右)0.01°×0.01°ADTD
地闪累计次数

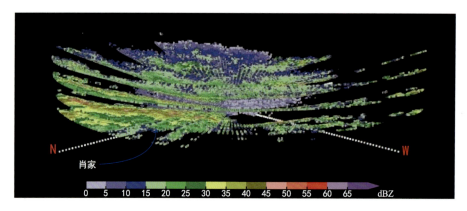

图 1.4.10　2015 年 4 月 2 日 02:40 重庆雷达体积扫描反射率因子

（体扫模式:VCP21;合川区肖家站相对于重庆雷达方位角 359°,距离 85 km）

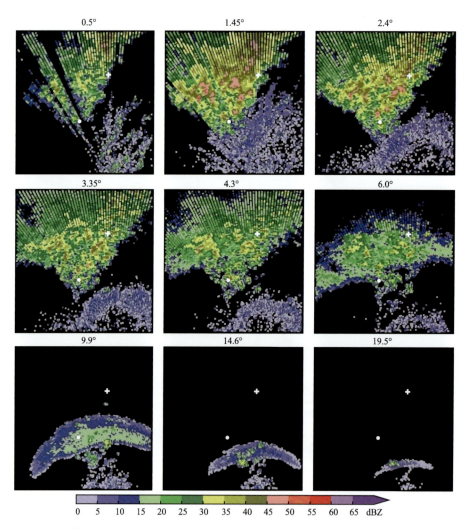

图 1.4.11　2015 年 4 月 2 日 02:40 重庆雷达不同仰角反射率因子

（体扫模式:VCP21;显示范围同图 1.4.6,图中白色"＋"和实心圆点分别为肖家站和合川站位置）

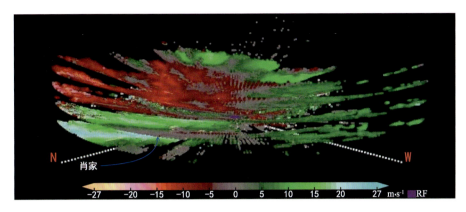

图 1.4.12　2015 年 4 月 2 日 02：40 重庆雷达体积扫描平均径向速度
（体扫模式：VCP21；合川区肖家站相对于重庆雷达方位角 359°，距离 85 km）

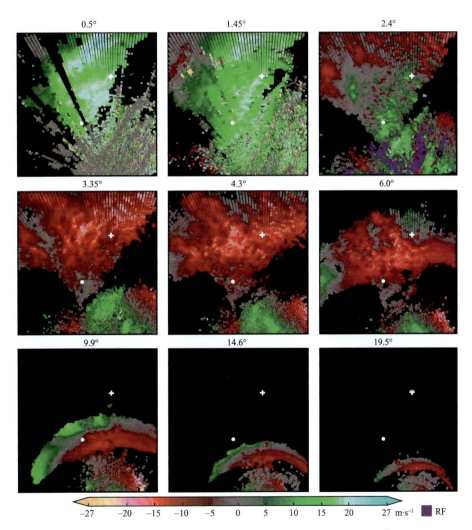

图 1.4.13　2015 年 4 月 2 日 02：40 重庆雷达不同仰角平均径向速度
（体扫模式：VCP21；显示范围同图 1.4.6，图中白色"＋"和实心圆点分别为肖家站和合川站位置）

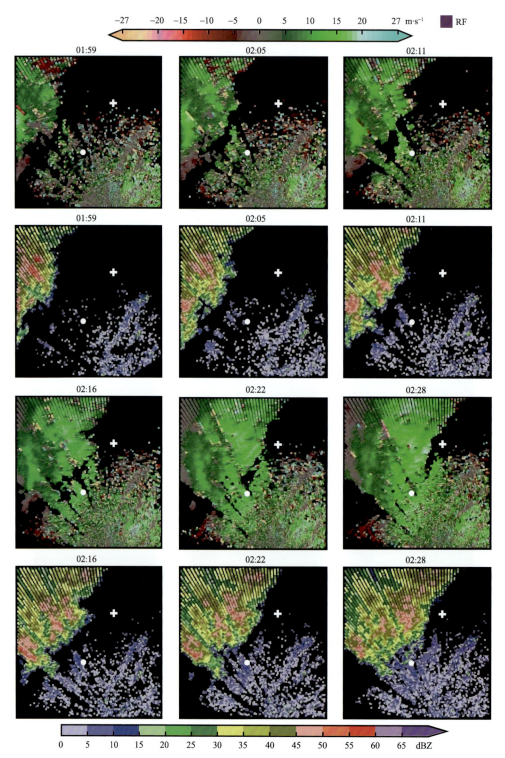

图 1.4.14　2015 年 4 月 2 日 01:59—02:28 重庆雷达 1.45°仰角平均径向速度(第 1、3 行)和反射率因子(第 2、4 行)

(体扫模式:VCP21;显示范围同图 1.4.6,图中白色"＋"和实心圆点分别为肖家站和合川站位置)

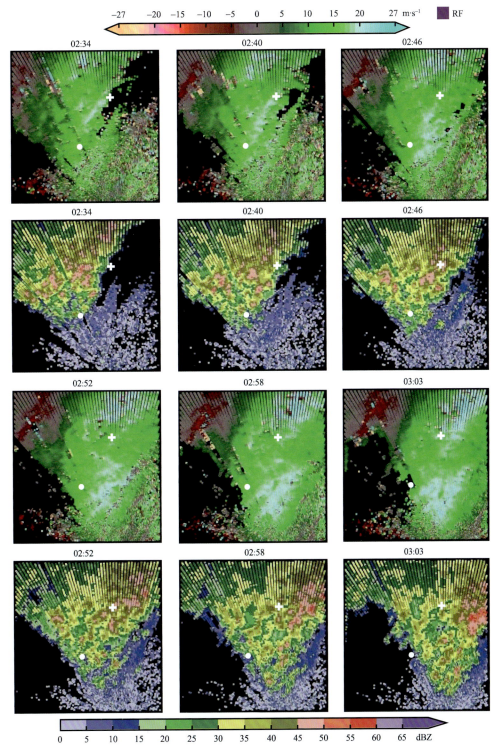

图 1.4.15　2015 年 4 月 2 日 02:34—03:03 重庆雷达 1.45°仰角平均径向速度(第 1、3 行)和
反射率因子(第 2、4 行)

(体扫模式:VCP21;显示范围同图 1.4.6,图中白色"＋"和实心圆点分别为肖家站和合川站位置)

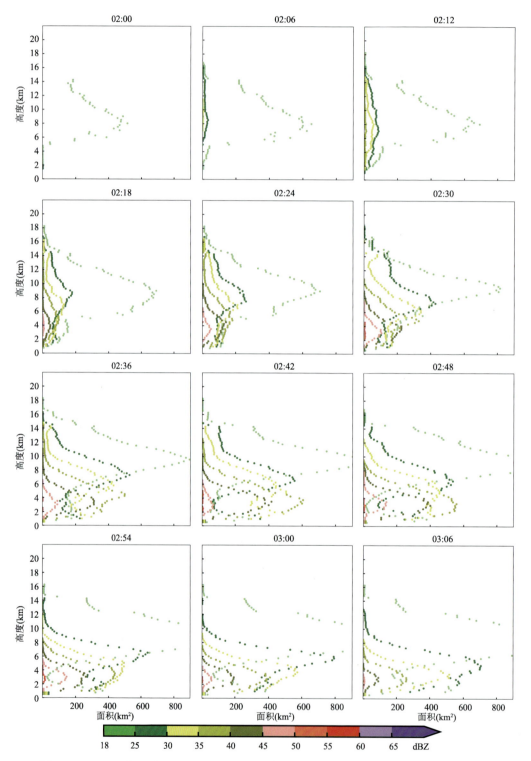

图 1.4.16　2015 年 4 月 2 日 02:00—03:06 以肖家站为中心 0.4°×0.4°范围内反射率因子面积随高度分布

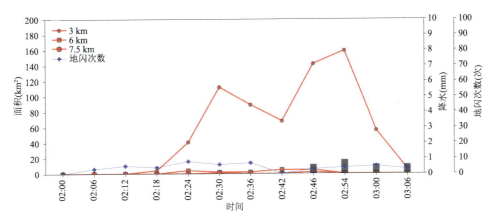

图 1.4.17 2015 年 4 月 2 日 02:00—03:06 以肖家站为中心 0.4°×0.4°范围内不同高度层 (3 km、6 km 和 7.5 km)45 dBZ 反射率因子面积变化;相应时段以肖家站为中心、半径 20 km 范围内的地闪次数(蓝色折线)和肖家站降水(柱图)

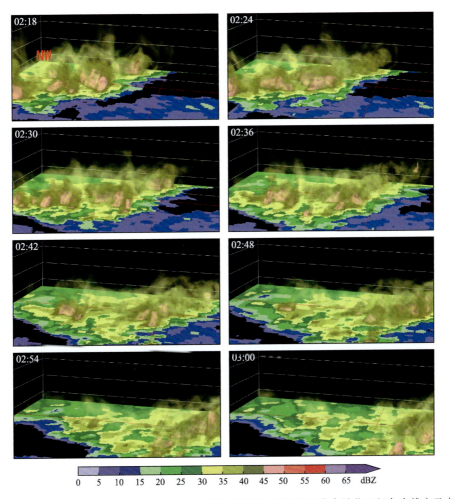

图 1.4.18 2015 年 4 月 2 日 02:18—03:00 反射率因子三维视图(肖家站位于红色实线交叉点)

1.5 2017年4月16日云阳县云阳镇站雷暴大风

实况:2017年4月16日13:23,重庆云阳县云阳镇站发生大风,极大风速达30.5 m·s^{-1}。

主要影响系统:500 hPa低槽,700 hPa及850 hPa切变线,850 hPa温度脊,地面冷锋(图1.5.1—1.5.2)。

系统配置及演变:斜压锋生类。4月16日08—20时,500 hPa高空冷槽、低空冷切变线及地面冷锋快速南下,与四川盆地不稳定的偏南暖湿气流交汇,触发重庆地区强对流天气(图1.5.1—1.5.2)。

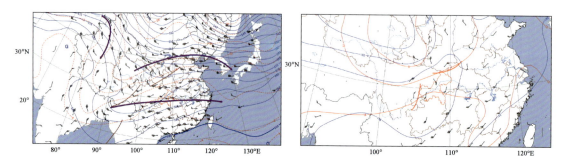

图1.5.1 2017年4月16日08时500 hPa(左)和850 hPa(右)天气形势

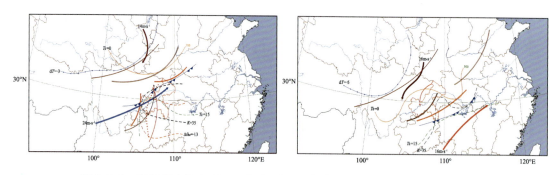

图1.5.2 2017年4月16日08时(左)和20时(右)中尺度天气环境条件场分析

探空资料分析:从达州、恩施探空资料(图1.5.3)分析,4月16日08时四川盆地东北部及周边地区的环境条件有利于重庆东北部雷暴大风的发生:1)达州上空850 hPa与500 hPa温差达到27 ℃,热力不稳定明显;2)500 hPa有中空急流,达州、恩施上空0—6 km垂直风切变分别为21.9 m·s^{-1}和18.7 m·s^{-1},强垂直风切变环境有利于对流的组织和发展;3)恩施700 hPa以下为湿空气层,700 hPa到对流层高层有明显的干空气层,温湿层结曲线形成向上开口的喇叭口形状,"上干冷、下暖湿"特征明显。

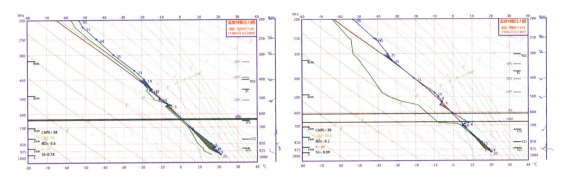

图 1.5.3　2017 年 4 月 16 日 08 时达州(左)和恩施(右)T-$\ln p$ 图

卫星云图和地闪演变分析:大风发生前后,云阳镇站附近为两条云带的交汇点,云带合并后云顶亮温低值区快速东移(图 1.5.4—1.5.5)。云阳镇站附近仅有少量地闪发生,以云阳镇站为中心 20 km 范围内 6 min 地闪次数最大仅为 2 次(图 1.5.16),这可能与云阳镇站附近 45 dBZ 回波达到 7.5 km 以上的时次较少有关(图 1.5.15—1.5.16)。

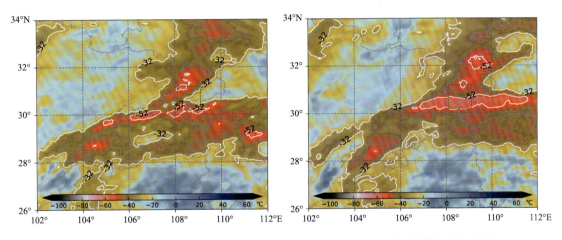

图 1.5.4　2017 年 4 月 16 日 11:30(左)和 12:30(右)FY-2E 卫星红外通道 TBB 云图
(图中绿色虚线框范围为 108.1°—109.1°E,30.2°—31.2°N)

天气雷达回波演变分析:云阳镇站相对于万州雷达方位角 49°,距离 26 km。大风发生时云阳镇站位于弓状回波和低层径向速度大值区前端(图 1.5.6—1.5.9),低层径向速度大值区也是弓状回波后侧入流的特征。分析回波演变情况(图 1.5.6—1.5.17)可以看出,回波移动速度很快。从 12:02 到 12:33,云阳镇站以西的回波在 30 min 左右自西向东大约移动了 30 km(图 1.5.10),即移速达到 60 km·h^{-1}。12:57,云阳镇站以西 20 km 的云阳站发生 17.3 m·s^{-1}的大风,其出流导致云阳站和云阳镇站之间有强风暴新生(图 1.5.17),新生的强风暴随高度向东倾斜并快速东移,其移经区域的栖霞站测到高达 18.7 mm 的 6 min 雨量(图 1.5.16)。云阳镇站附近的强风暴产生的下击暴流导致地面发生 30.5 m·s^{-1}的大风。由于 45 dBZ 强反射率因子达 7.5 km 以上的时次很少,风暴产生的地闪很少(图 1.5.14—1.5.16)。

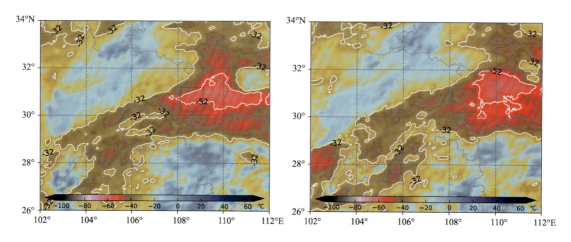

图 1.5.5　2017 年 4 月 16 日 13:30(左)和 14:30(右)FY-2E 卫星红外通道 TBB 云图

临近预报关注点:卫星红外云图上的云带合并和亮温低值区快速移动,风暴快速移动,弓状回波和低层径向速度大值区,风暴新生和强反射率因子核迅速下降。当已有大风发生时,要考虑其出流是否会诱发风暴新生。

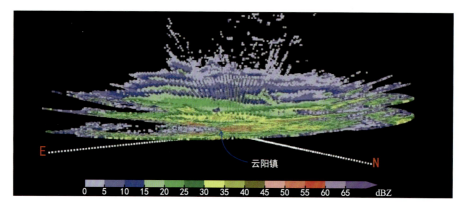

图 1.5.6　2017 年 4 月 16 日 13:16 万州雷达体积扫描反射率因子
(体扫模式:VCP21;云阳县云阳镇站相对于万州雷达方位角 49°,距离 26 km)

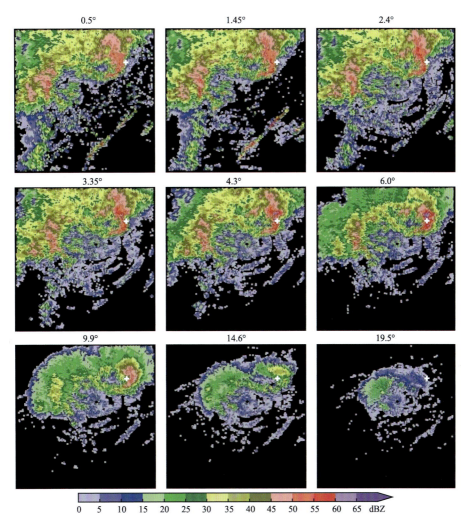

图 1.5.7　2017 年 4 月 16 日 13:16 万州雷达不同仰角反射率因子

(体扫模式:VCP21;显示范围同图 1.5.4 绿色虚线框,图中白色"＋"为云阳镇站位置)

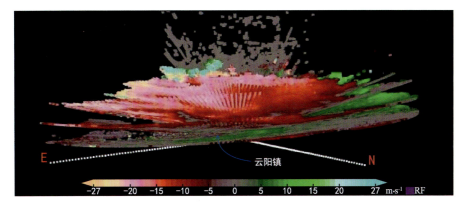

图 1.5.8　2017 年 4 月 16 日 13:16 万州雷达体积扫描平均径向速度

(体扫模式:VCP21;云阳县云阳镇站相对于万州雷达方位角 49°,距离 26 km)

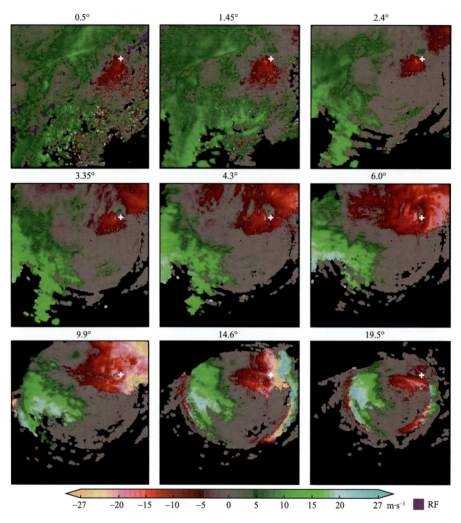

图1.5.9　2017年4月16日13：16万州雷达不同仰角平均径向速度
（体扫模式：VCP21；显示范围同图1.5.4绿色虚线框，图中白色"＋"为云阳镇站位置）

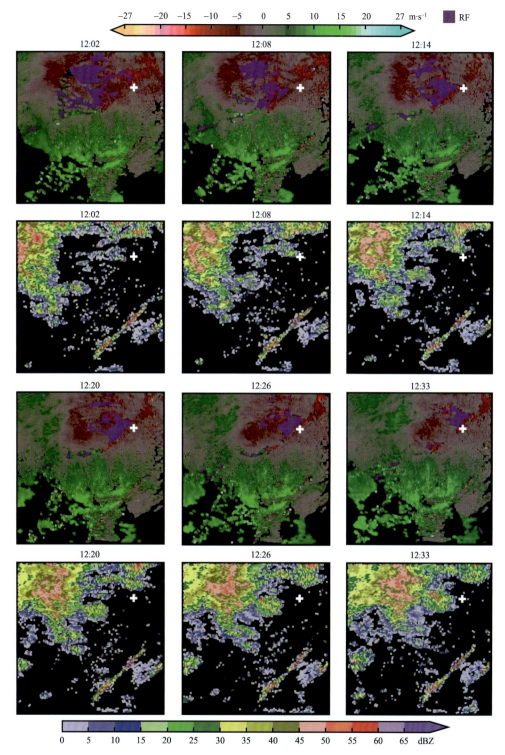

图 1.5.10　2017 年 4 月 16 日 12:02—12:33 万州雷达 1.45°仰角平均径向速度(第 1、3 行)和反射率因子(第 2、4 行)

(体扫模式:VCP21;显示范围同图 1.5.4 绿色虚线框,图中白色"+"为云阳镇站位置)

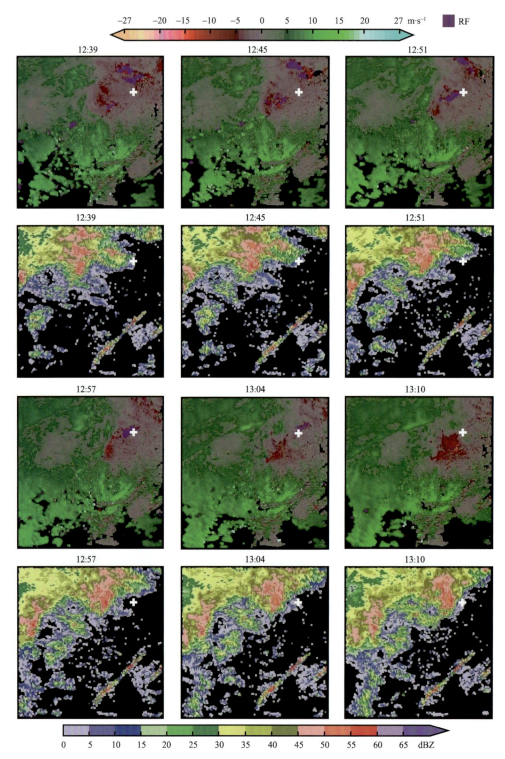

图 1.5.11　2017 年 4 月 16 日 12:39—13:10 万州雷达 1.45°仰角平均径向速度(第 1、3 行)和
反射率因子(第 2、4 行)

(体扫模式:VCP21;显示范围同图 1.5.4 绿色虚线框,图中白色"+"为云阳镇站位置)

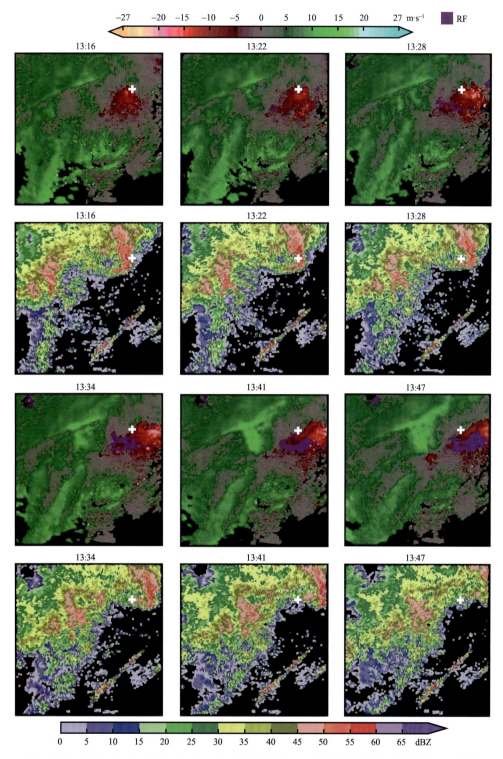

图 1.5.12　2017 年 4 月 16 日 13:16—13:47 万州雷达 1.45°仰角平均径向速度(第 1、3 行)和
反射率因子(第 2、4 行)

(体扫模式:VCP21;显示范围同图 1.5.4 绿色虚线框,图中白色"+"为云阳镇站位置)

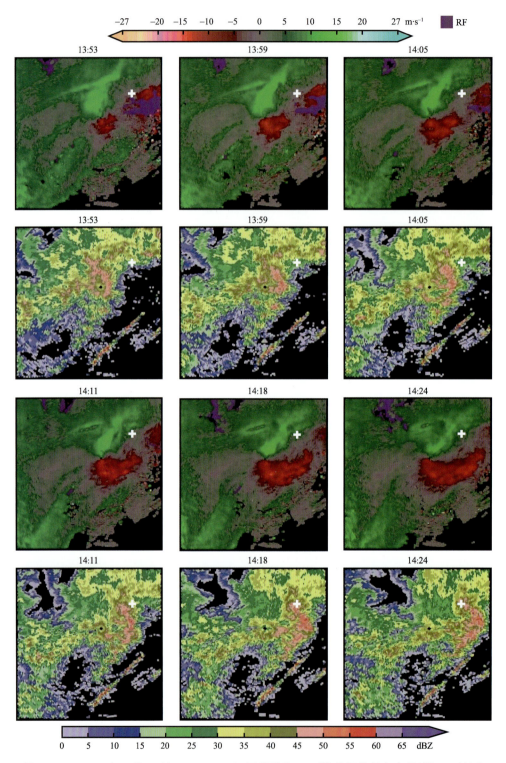

图 1.5.13　2017 年 4 月 16 日 13:53—14:24 万州雷达 1.45°仰角平均径向速度(第 1、3 行)和反射率因子(第 2、4 行)

(体扫模式:VCP21;显示范围同图 1.5.4 绿色虚线框,图中白色"＋"为云阳镇站位置)

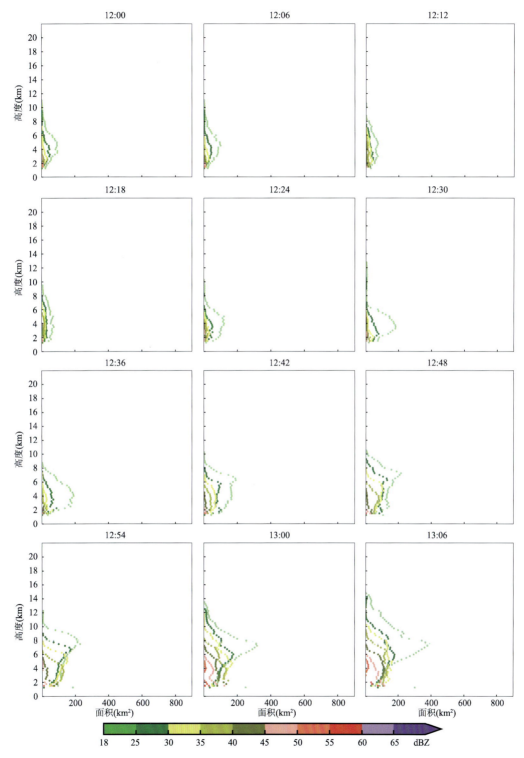

图 1.5.14　2017 年 4 月 16 日 12：00—13：06 以云阳镇站为中心 0.4°×0.4°范围内反射率因子
面积随高度分布

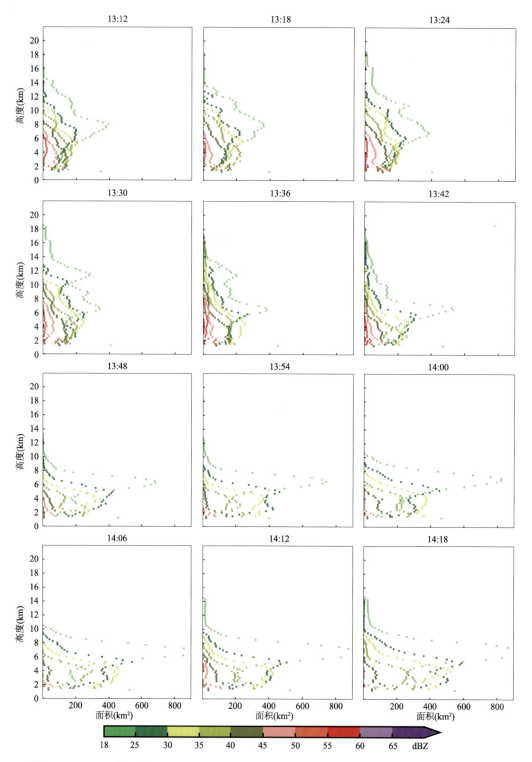

图 1.5.15　2017 年 4 月 16 日 13:12—14:18 以云阳镇站为中心 0.4°×0.4°范围内反射率因子
面积随高度分布

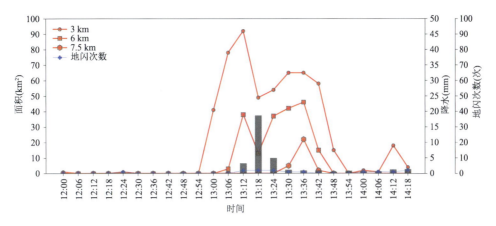

图 1.5.16　2017 年 4 月 16 日 12:00—14:18 以云阳镇站为中心 0.4°×0.4°范围内不同高度层(3 km、6 km 和
7.5 km)45 dBZ 反射率因子面积变化;相应时段以云阳镇站为中心、半径 20 km 范围内的地闪次数
(蓝色折线)和栖霞站降水(柱图,栖霞站位于云阳镇站西北 6 km)

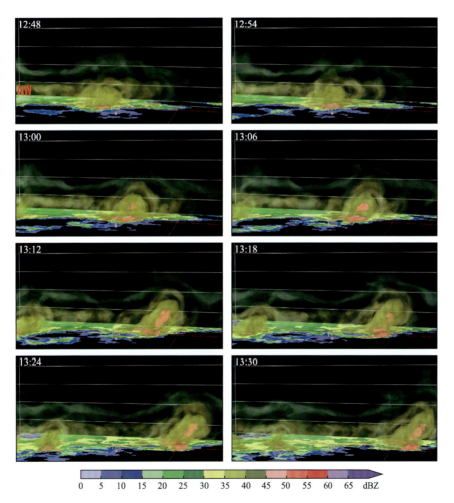

图 1.5.17　2017 年 4 月 16 日 12:48—13:30 反射率因子三维视图(云阳镇站位于红色实线交叉点)

1.6　2017年7月29日渝中区佛图关站雷暴大风

实况: 2017年7月29日16:43和16:41,重庆渝中区佛图关站和渝北区新牌坊站发生大风,极大风速分别达27.3 m·s⁻¹和21.9 m·s⁻¹。新牌坊站相对于佛图关站方位角345°,距离6 km。

主要影响系统: 500 hPa低槽,700 hPa和850 hPa切变线(图1.6.1—1.6.2)。

系统配置及演变: 高空冷平流强迫类。7月29日08—20时,高空冷槽快速移过重庆,重庆地区低空有切变线存在,且大气极为暖湿不稳定,重庆中西部地区7月29日上午以多云天气为主,地面升温显著,在冷槽和切变线的影响下,午后出现局地强对流天气(图1.6.1—1.6.2)。

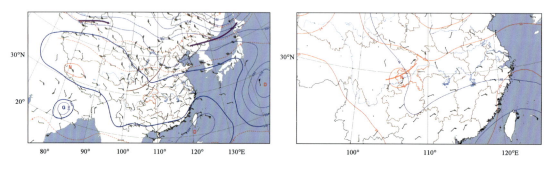

图1.6.1　2017年7月29日08时500 hPa(左)和850 hPa(右)天气形势

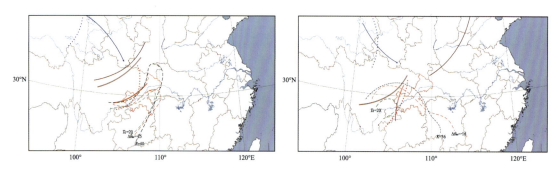

图1.6.2　2017年7月29日08时(左)和20时(右)中尺度天气环境条件场分析

探空资料分析: 从沙坪坝、宜宾探空资料分析(图1.6.3),7月29日08时重庆本地及周边地区的环境条件有利于重庆地区雷暴大风的发生:1)对流发生前,沙坪坝CAPE达到了1971 J·kg⁻¹,对流有效位能强,沙坪坝、宜宾BLI值分别为−4.8 ℃和−6.2 ℃,K指数均达到41 ℃,两站上空热力不稳定明显;2)沙坪坝上空700 hPa附近的空气接近饱和,700—600 hPa为干空气层,700 hPa以下的中低层水汽含量相对较低,850—700 hPa温湿廓线呈倒V形结构,温度层结曲线接近平行于干绝热线,有利于下击暴流的形成;3)两站上空中低层风速都较小,风速随高度变化小,垂直风切变较弱。

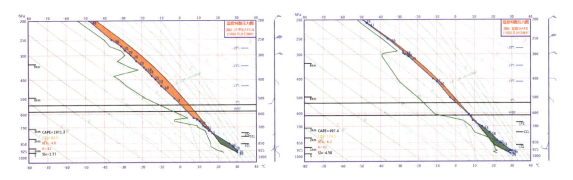

图 1.6.3　2017 年 7 月 29 日 08 时沙坪坝(左)和宜宾(右)$T\text{-}\ln p$ 图

卫星云图和地闪演变分析:大风发生前后,佛图关站附近云顶亮温迅速下降(图 1.6.4—1.6.5 中绿色虚线框内),17:15 左右下降到 −52 ℃ 以下,但云团移动不明显。15:30—17:00 佛图关站附近有地闪,但地闪密度较低,其余时次地闪集中的区域都距离佛图关站较远(图 1.6.6—1.6.9)。

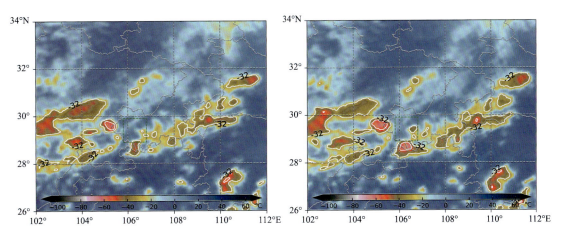

图 1.6.4　2017 年 7 月 29 日 15:45(左)和 16:15(右)FY-2E 卫星红外通道 TBB 云图
(图中绿色虚线框为图 1.6.6 显示的范围)

天气雷达回波演变分析:佛图关站相对于重庆雷达方位角 49°,距离 5 km;相对于永川雷达方位角 63°,距离 76 km。因此,重庆雷达可以观测到强风暴低层反射率因子和速度场的演变(图 1.6.10—1.6.11),永川雷达可以较好地观测到强风暴中上层的情况。在重庆雷达 1.45° 仰角径向速度场(图 1.6.12—1.6.17)上可以看到各风暴单体附近的出流,当风暴位于重庆雷达附近时,出流表现为以雷达为中心的环状特征(例如,图 1.6.15 中 16:21 和 16:27 雷达站附近红色环状的风暴出流特征)。同时,出现了低层强辐散特征(例如,图 1.6.13 中 0.5° 到 2.4° 仰角佛图关站附近的正负速度对、图 1.6.14 中 15:40—15:52 重庆雷达站西南的正负速度对)。基于拼图资料(图 1.6.18—1.6.19,图 1.6.21)可以看出,16:24—16:30,佛图关站附近的风暴突然加强,60 dBZ 反射率因子高达 10~12 km。随后,强反射率因子核迅速下降。

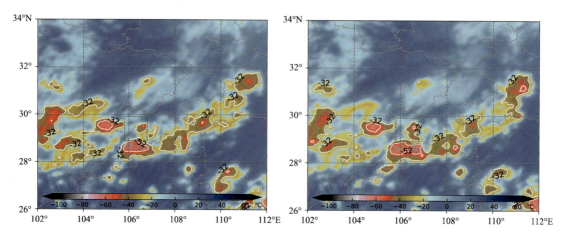

图 1.6.5　2017 年 7 月 29 日 16:45(左)和 17:15(右)FY-2E 卫星红外通道 TBB 云图

强风暴覆盖的面积不大(图 1.6.18—1.6.19),3 km 高度上 45 dBZ 以上回波的面积在 60 km² 以下(图 1.6.20),但强回波梯度很大。风暴的整个演变表现出脉冲风暴的特征。16:41 和 16:43,风暴附近的新牌坊站和佛图关站分别观测到 21.9 m·s⁻¹ 和 27.3 m·s⁻¹ 的大风。16:54,佛图关站 18 min 累计雨量为 8.4 mm(用图 1.6.20 中的 6 min 雨量累计得到)。

临近预报关注点:卫星红外亮温迅速下降,低层有强辐散,风暴强烈发展和强反射率因子核迅速下降,脉冲风暴发生。当判断出已有脉冲风暴出现时,要考虑是否会出现多个脉冲风暴。

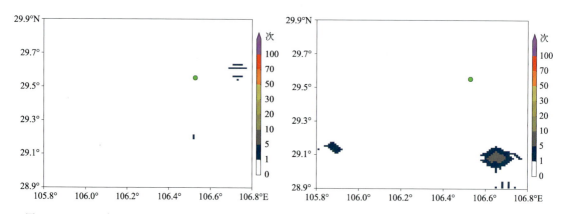

图 1.6.6　2017 年 7 月 29 日 14:30—15:00(左)和 15:00—15:30(右)0.01°×0.01°ADTD 地闪累计次数
(统计半径:格点周围 5 km 范围;图中绿色实心圆为佛图关站位置)

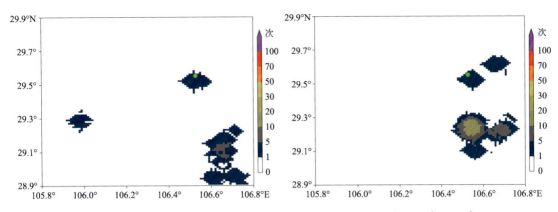

图 1.6.7　2017 年 7 月 29 日 15:30—16:00(左)和 16:00—16:30(右)0.01°×0.01°ADTD
地闪累计次数

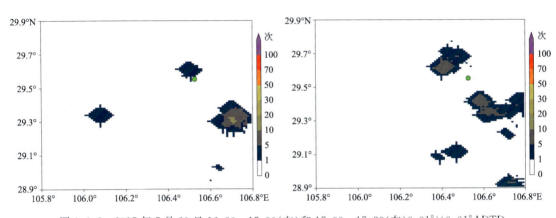

图 1.6.8　2017 年 7 月 29 日 16:30—17:00(左)和 17:00—17:30(右)0.01°×0.01°ADTD
地闪累计次数

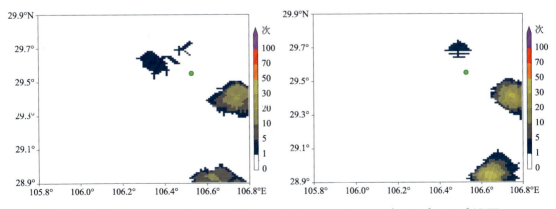

图 1.6.9　2020 年 7 月 29 日 17:30—18:00(左)和 18:00—18:30(右)0.01°×0.01°ADTD
地闪累计次数

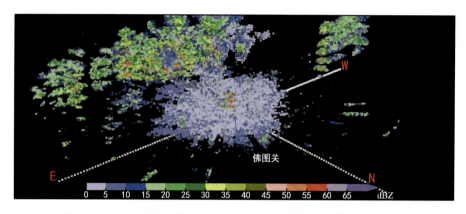

图 1.6.10　2017 年 7 月 29 日 16：38 重庆雷达体积扫描反射率因子
（体扫模式：VCP21；渝中区佛图关站相对于重庆雷达方位角 49°，距离 5 km）

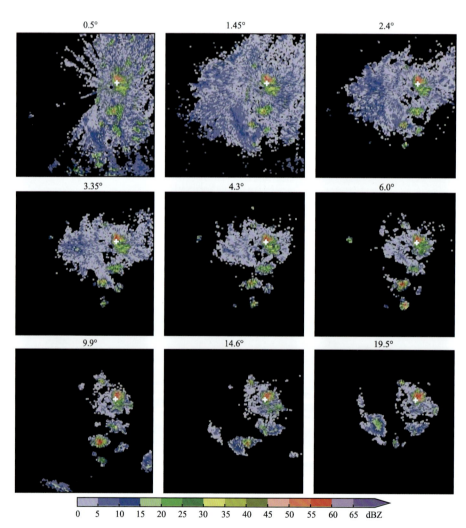

图 1.6.11　2017 年 7 月 29 日 16：38 重庆雷达不同仰角反射率因子
（体扫模式：VCP21；显示范围同图 1.6.6，图中白色"＋"为佛图关站位置）

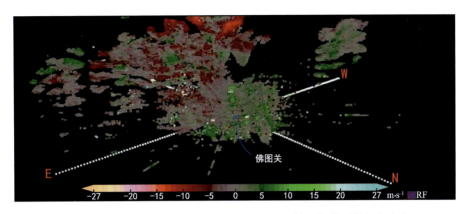

图 1.6.12　2017 年 7 月 29 日 16:38 重庆雷达体积扫描平均径向速度
（体扫模式:VCP21;渝中区佛图关站相对于重庆雷达方位角 49°,距离 5 km）

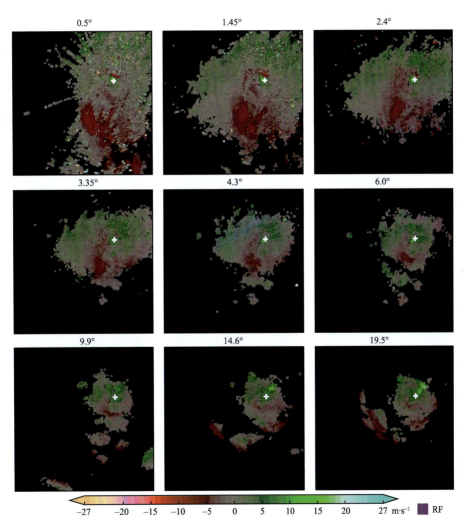

图 1.6.13　2017 年 7 月 29 日 16:38 重庆雷达不同仰角平均径向速度
（体扫模式:VCP21;显示范围同图 1.6.6,图中白色"＋"为佛图关站位置）

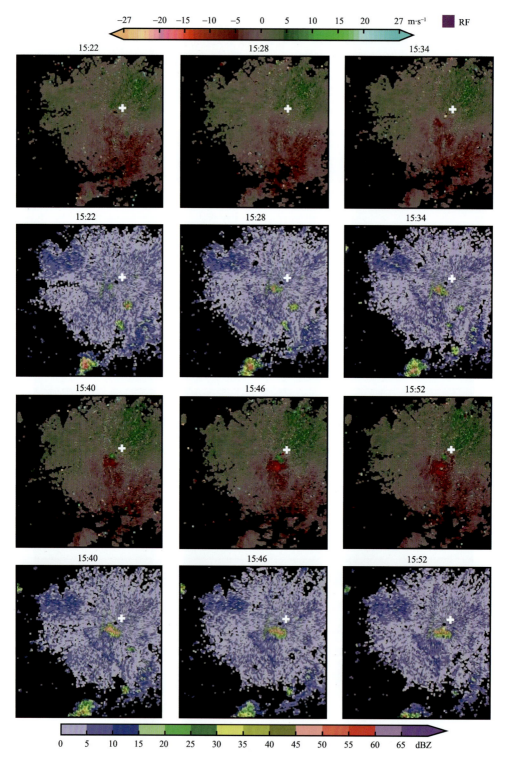

图 1.6.14　2017 年 7 月 29 日 15:22—15:52 重庆雷达 1.45°仰角平均径向速度(第 1、3 行)和
反射率因子(第 2、4 行)

(体扫模式:VCP21;显示范围同图 1.6.6,图中白色"+"为佛图关站位置)

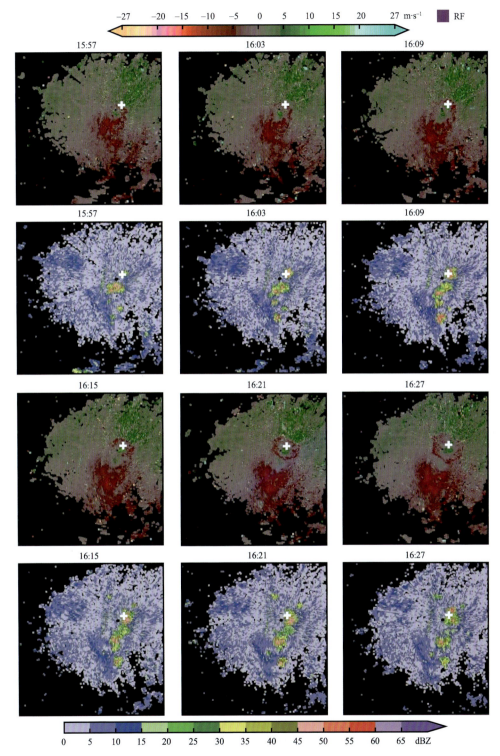

图 1.6.15　2017 年 7 月 29 日 15:57—16:27 重庆雷达 1.45°仰角平均径向速度(第 1、3 行)和
反射率因子(第 2、4 行)

(体扫模式:VCP21;显示范围同图 1.6.6,图中白色"+"为佛图关站位置)

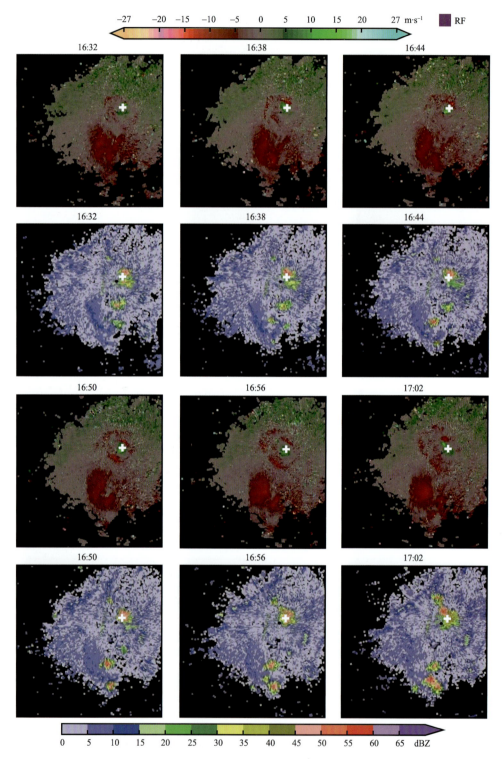

图 1.6.16　2017 年 7 月 29 日 16:32—17:02 重庆雷达 1.45°仰角平均径向速度(第 1、3 行)和
反射率因子(第 2、4 行)

(体扫模式:VCP21;显示范围同图 1.6.6,图中白色"+"为佛图关站位置)

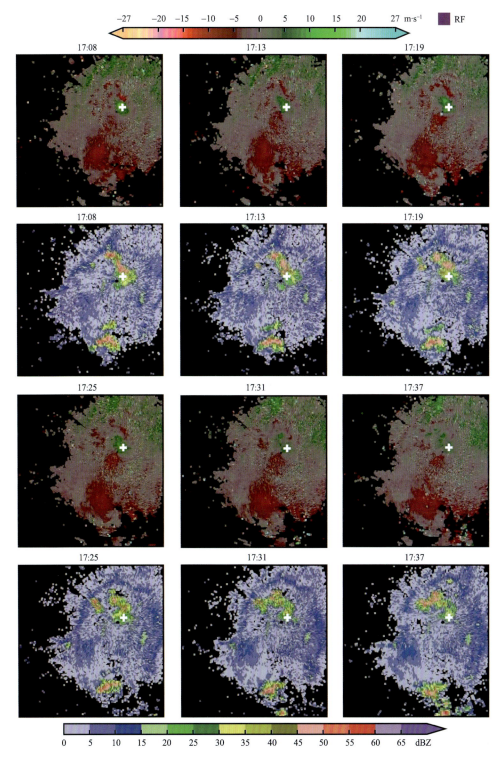

图 1.6.17　2017 年 7 月 29 日 17:08—17:37 重庆雷达 1.45°仰角平均径向速度(第 1、3 行)和
反射率因子(第 2、4 行)

(体扫模式:VCP21;显示范围同图 1.6.6,图中白色"+"为佛图关站位置)

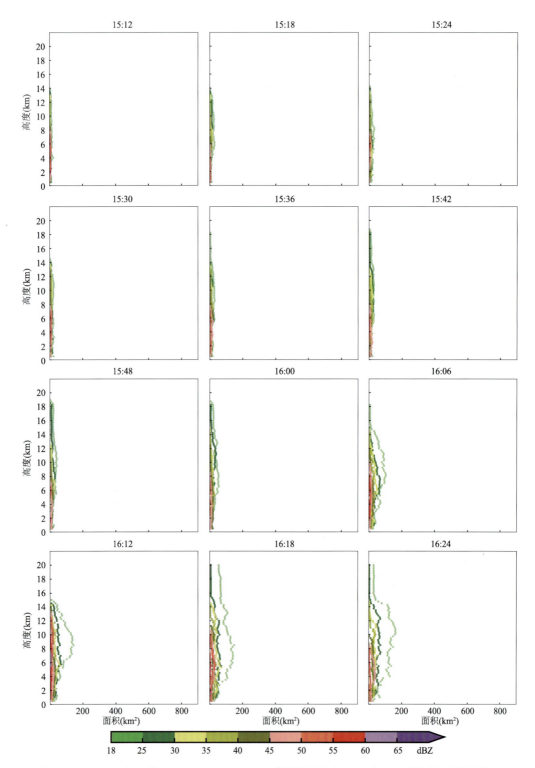

图 1.6.18　2017 年 7 月 29 日 15:12—16:24 以佛图关站为中心 0.4°×0.4°范围内反射率因子面积随高度分布

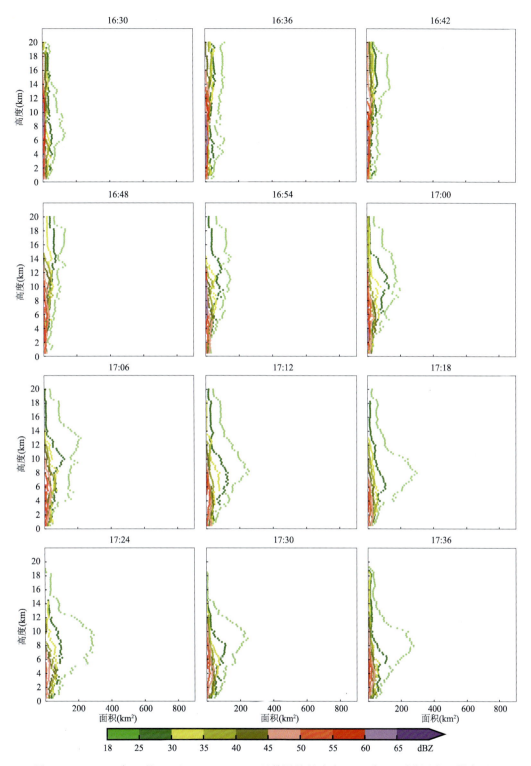

图 1.6.19　2017 年 7 月 29 日 16:30—17:36 以佛图关站为中心 0.4°×0.4°范围内反射率因子
面积随高度分布

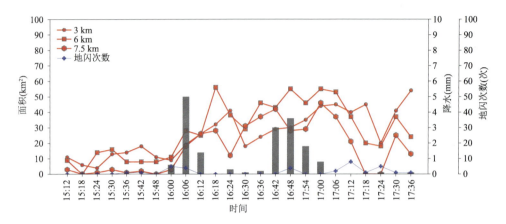

图 1.6.20　2017 年 7 月 29 日 15:12—17:36 以佛图关站为中心 0.4°×0.4°范围内不同高度层
（3 km、6 km 和 7.5 km）45 dBZ 反射率因子面积变化（缺 15:54 拼图资料）；相应时段以佛图关站
为中心、半径 20 km 范围内的地闪次数（蓝色折线）和佛图关站降水（柱图）

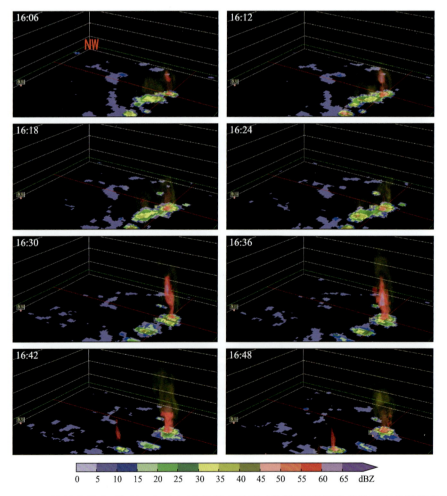

图 1.6.21　2017 年 7 月 29 日 16:06—16:48 反射率因子三维视图（佛图关站位于红色实线交叉点）

1.7　2020年5月5日永川区黄瓜山站雷暴大风

实况:2020年5月5日23:16,重庆永川区黄瓜山站发生大风,极大风速达34.7 m·s^{-1}。

主要影响系统:500 hPa低槽,850 hPa切变线,低空急流(图1.7.1—1.7.2)。

系统配置及演变:斜压锋生类。5月5日20时,重庆西部地区受500 hPa波动槽和850 hPa切变线影响,重庆东部地区存在偏东回流冷空气和地面冷锋,重庆上空500 hPa和850 hPa分别存在温度槽和温度脊,气温垂直递减率较大,且重庆地区大气暖湿不稳定特征明显(图1.7.1—1.7.2)。5日20时至6日08时,在波动槽、切变线及回流冷空气的共同影响下,重庆中西部及东南部地区出现雷雨天气,并伴有阵性大风和冰雹。

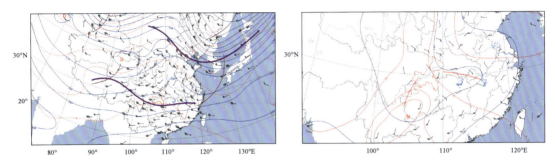

图1.7.1　2020年5月5日20时500 hPa(左)和850 hPa(右)天气形势

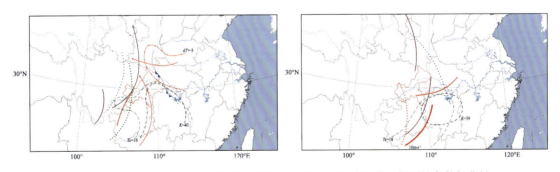

图1.7.2　2020年5月5日20时(左)和6日08时(右)中尺度天气环境条件场分析

探空资料分析:从沙坪坝、宜宾探空资料(图1.7.3)分析,5月5日20时重庆本地及周边地区的环境条件有利于重庆西部地区雷暴大风的发生:1)沙坪坝、宜宾CAPE分别为369 J·kg^{-1}、1139 J·kg^{-1},850 hPa与500 hPa温差分别为27 ℃和26 ℃,热力不稳定明显;2)四川东南部到重庆上空垂直风切变较大,沙坪坝、宜宾0—6 km垂直风切变分别达到18.2 m·s^{-1}和18.6 m·s^{-1};3)沙坪坝、宜宾温湿层结曲线在850 hPa以下呈倒V形状,对流层低层干燥、温度直减率大。

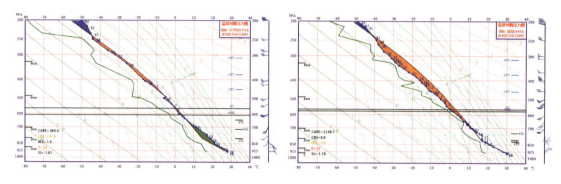

图 1.7.3　2020 年 5 月 5 日 20 时沙坪坝(左)和宜宾(右)$T\text{-}\ln p$ 图

卫星云图和地闪演变分析:大风发生在强对流风暴的云顶亮温梯度大值区(图 1.7.4—1.7.5),强风暴云团向东北方向移动的同时迅速发展,−52 ℃到−72 ℃的亮温梯度大值区移经黄瓜山站。大风发生前黄瓜山站附近已经有闪电出现(图 1.7.6—1.7.7)。强地闪带与云顶亮温梯度大值区对应,呈东西向分布并自南向北移过黄瓜山站(图 1.7.8—1.7.9)。大风发生前,黄瓜山站 20 km 范围内的 6 min 闪电次数(图 1.7.20)在 23:06 最多,为 13 次。图 1.7.20 中,由于黄瓜山站分钟级降水有缺值,用距离约 4 km 的五间站测值代替。

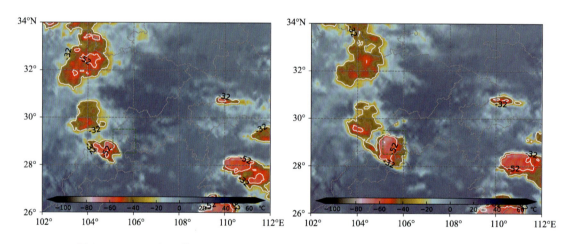

图 1.7.4　2020 年 5 月 5 日 21:34(左)和 22:19(右)FY-4A 卫星红外通道 TBB 云图
(图中绿色虚线框为图 1.7.6 显示的范围)

天气雷达回波演变分析:黄瓜山站相对于永川雷达方位角 215°,距离 5 km。大风发生时,在黄瓜山站西南出现了明显的低层径向速度大值区,径向速度 PPI 上出现速度模糊(图 1.7.13)。从永川雷达西南 1.45°仰角反射率因子和径向速度演变(图 1.7.10—1.7.17)可以看出:21:46 开始,黄瓜山站西南有回波单体生成发展,同时在西南较远处的强回波逐渐东移(图 1.7.14)。西面较强的回波(飑线)的径向速度超过 40 m·s^{-1}(图 1.7.15—1.7.16)。随着飑线的东移,其前部的出流导致飑线与黄瓜山站之间有强风暴新生(图 1.7.16 中 22:44 的反射率因子),该新生强风暴位于黄瓜山站以西,距离黄瓜山站较近。22:54 黄瓜山站附近

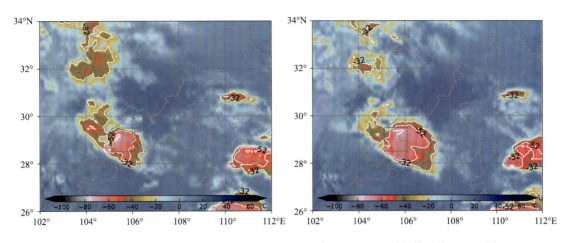

图 1.7.5　2020 年 5 月 5 日 22:42(左)和 23:34(右))FY-4A 卫星红外通道 TBB 云图

60 dBZ 回波超过 12 km(图 1.7.18—1.7.19)。由图 1.7.19 和图 1.7.21 可见,23:00—23:12 黄瓜山站以西强风暴单体的强反射率因子核迅速下降,导致地面大风的发生。强反射率因子核下降时,3 km、6 km 和 7.5 km 高度上的 45 dBZ 回波面积先增大后减小(图 1.7.20—1.7.21)。

临近预报关注点:卫星红外云图上,黄瓜山站位于红外亮温梯度大值区,闪电密度增大,低层有径向速度大值区,飑线前部回波新生,风暴强烈发展和强反射率因子核迅速下降。

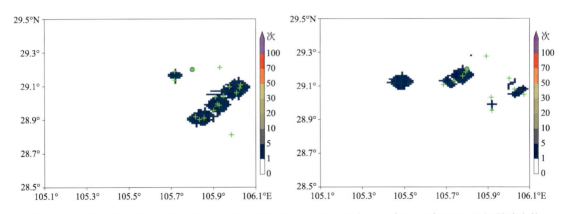

图 1.7.6　2020 年 5 月 5 日 20:30—21:00(左)和 21:00—21:30(右)0.01°×0.01°ADTD 地闪累计次数
(统计半径:格点周围 5 km 范围;图中绿色"+"为正闪,绿色实心圆为黄瓜山站位置)

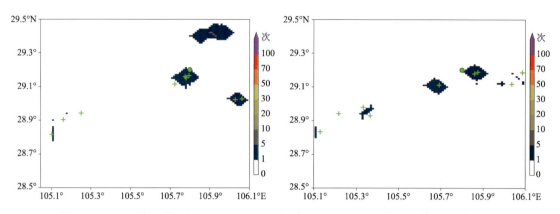

图 1.7.7　2020 年 5 月 5 日 21:30—22:00(左)和 22:00—22:30(右)0.01°×0.01°ADTD
地闪累计次数

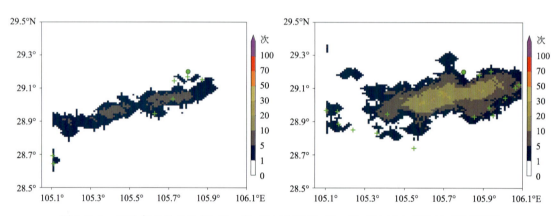

图 1.7.8　2020 年 5 月 5 日 22:30—23:00(左)和 23:00—23:30(右)0.01°×0.01°ADTD
地闪累计次数

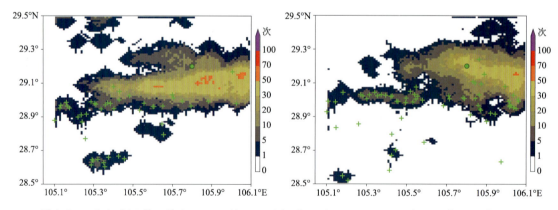

图 1.7.9　2020 年 5 月 5 日 23:30—6 日 00:00(左)和 6 日 00:00—00:30(右)0.01°×0.01°ADTD
地闪累计次数

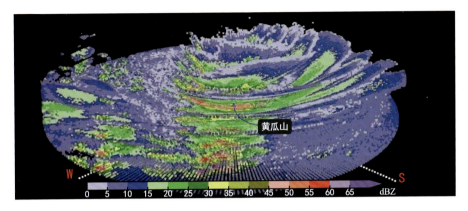

图 1.7.10　2020 年 5 月 5 日 15:08 永川雷达体积扫描反射率因子
（体扫模式：VCP21；永川区黄瓜山站相对于永川雷达方位角 215°，距离 5 km）

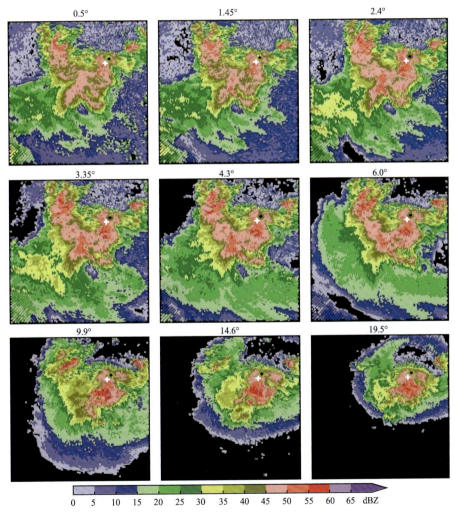

图 1.7.11　2020 年 5 月 5 日 23:08 永川雷达不同仰角反射率因子
（体扫模式：VCP21；显示范围同图 1.7.6，图中白色"＋"为黄瓜山站位置）

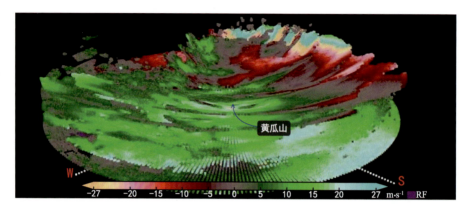

图 1.7.12 2020 年 5 月 5 日 23:08 永川雷达体积扫描平均径向速度
(体扫模式:VCP21;永川区黄瓜山站相对于永川雷达方位角 215°,距离 5 km)

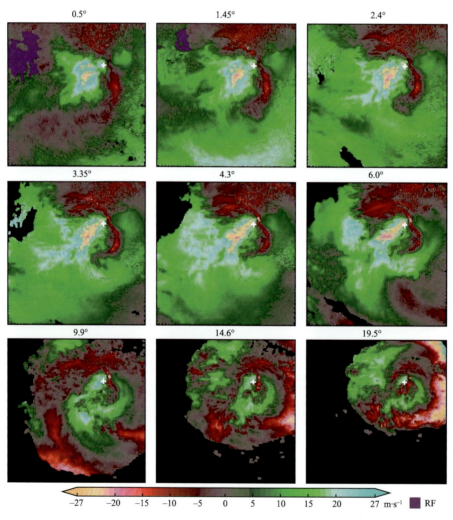

图 1.7.13 2020 年 5 月 5 日 23:08 永川雷达不同仰角平均径向速度
(体扫模式:VCP21;显示范围同图 1.7.6,图中白色"+"为黄瓜山站位置)

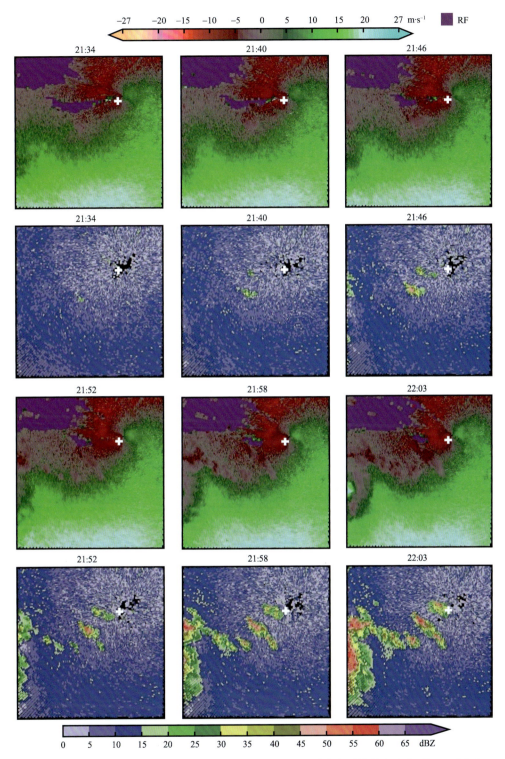

图 1.7.14　2020 年 5 月 5 日 21:34—22:03 永川雷达 1.45°仰角平均径向速度(第 1、3 行)和
反射率因子(第 2、4 行)

(体扫模式:VCP21;显示范围同图 1.7.6,图中白色"+"为黄瓜山站位置)

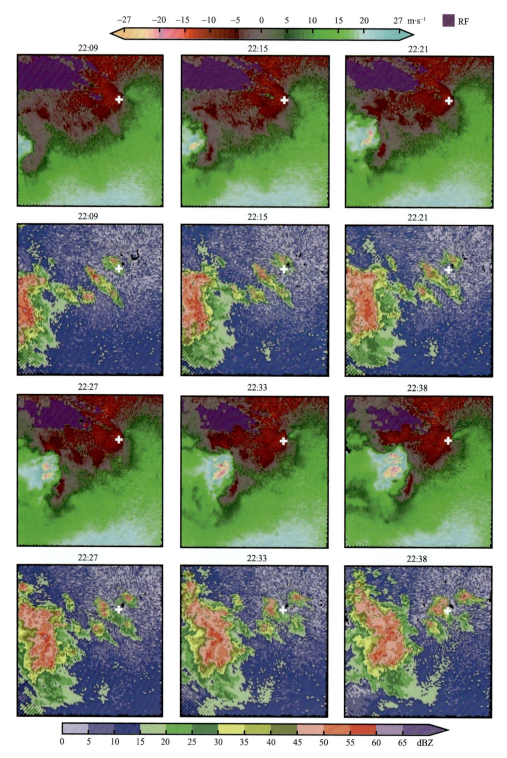

图 1.7.15　2020 年 5 月 5 日 22:09—22:38 永川雷达 1.45°仰角平均径向速度(第 1、3 行)和
反射率因子(第 2、4 行)

(体扫模式:VCP21;显示范围同图 1.7.6,图中白色"＋"为黄瓜山站位置)

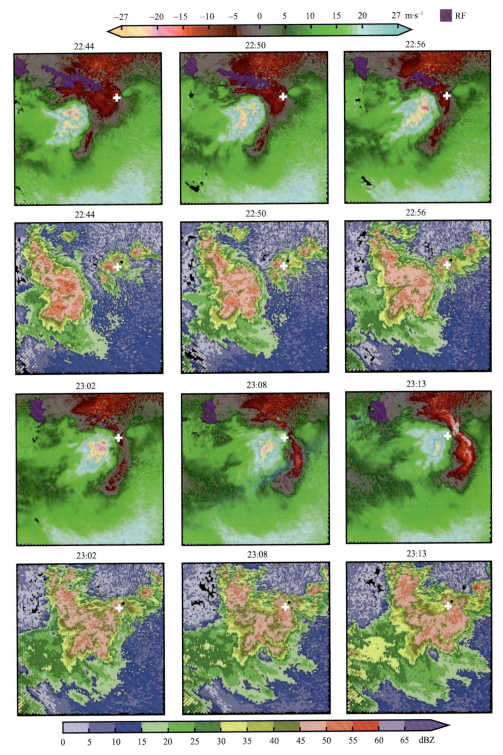

图 1.7.16　2020 年 5 月 5 日 22:44—23:13 永川雷达 1.45°仰角平均径向速度(第 1、3 行)和
反射率因子(第 2、4 行)

(体扫模式:VCP21;显示范围同图 1.7.6,图中白色"+"为黄瓜山站位置)

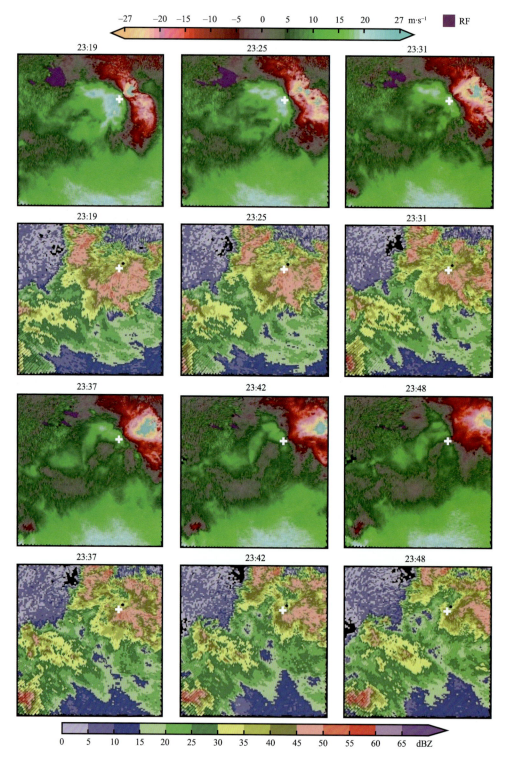

图 1.7.17　2020 年 5 月 5 日 23:19—23:48 永川雷达 1.45°仰角平均径向速度(第 1、3 行)和
反射率因子(第 2、4 行)

(体扫模式:VCP21;显示范围同图 1.7.6,图中白色"+"为黄瓜山站位置)

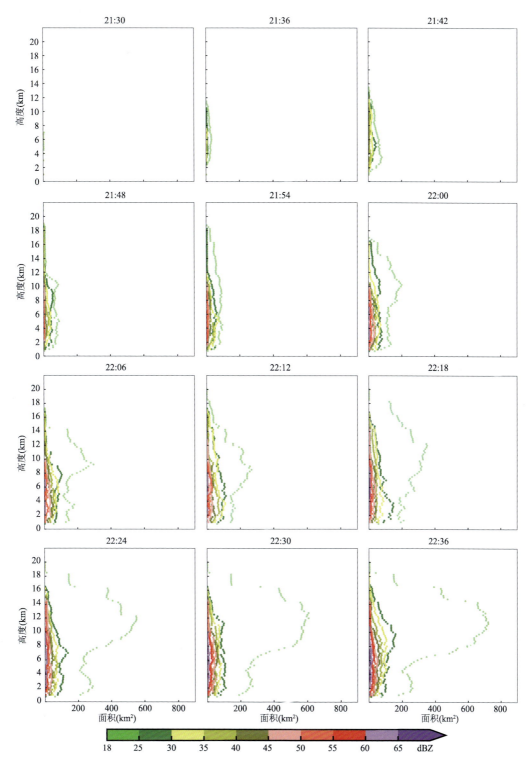

图 1.7.18　2020 年 5 月 5 日 21:30—22:36 以黄瓜山站为中心 0.4°×0.4°范围内反射率因子
面积随高度分布

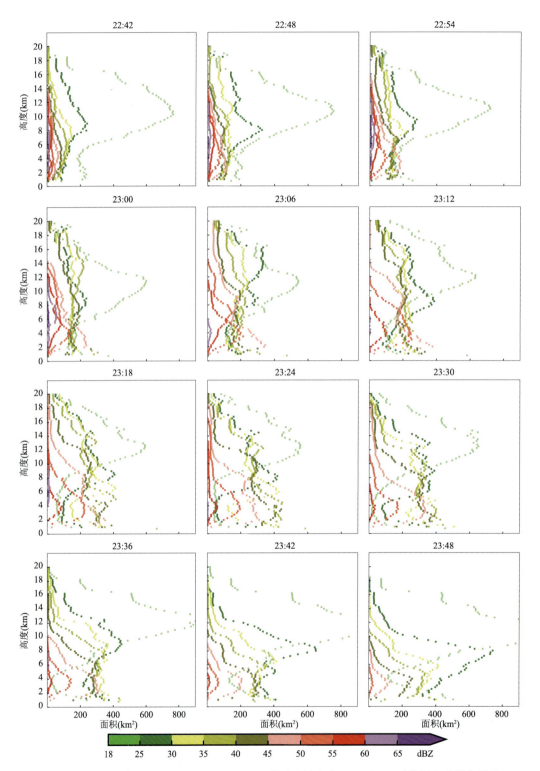

图1.7.19　2020年5月5日22:42—23:48以黄瓜山站为中心0.4°×0.4°范围内反射率因子面积随高度分布

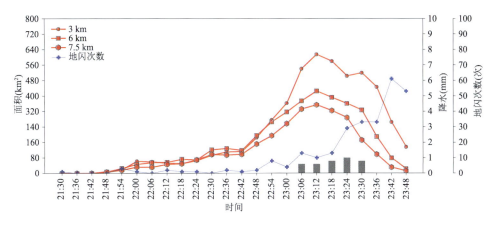

图 1.7.20 2020 年 5 月 5 日 21:30—23:48 以黄瓜山站为中心 0.4°×0.4°范围内不同高度层(3 km、6 km 和 7.5 km)45 dBZ 反射率因子面积变化;相应时段以黄瓜山站为中心、半径 20 km 范围内的地闪次数 (蓝色折线)和五间站(距离黄瓜山站约 4 km)的降水(柱图)

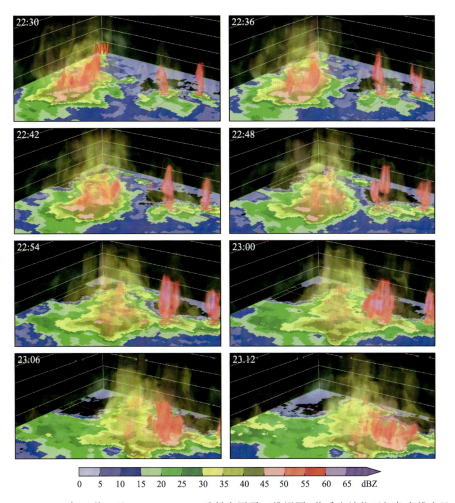

图 1.7.21 2020 年 5 月 5 日 22:30—23:12 反射率因子三维视图(黄瓜山站位于红色实线交叉点)

第 2 章　短时强降水个例分析

2.1　2012 年 7 月 21 日荣昌区盘龙站短时强降水

实况：2012 年 7 月 21 日 22：00、23：00 和 22 日 00：00，重庆荣昌区盘龙站发生短时强降水，小时雨量分别达 27.2 mm、180.9 mm 和 27.6 mm，3 h 累计雨量为 235.7 mm。

主要影响系统：500 hPa 低槽，850 hPa 至 700 hPa 低涡，700 hPa 急流，850 hPa 温度脊，地面冷锋（图 2.1.1—2.1.2）。

系统配置及演变：斜压锋生类。21 日 20 时—22 日 08 时，受副热带高压影响，青藏高原低槽东移极为缓慢，槽前四川盆地内中低层有西南涡生成，缓慢向东南方向移动，影响重庆西部；同时，贝加尔湖冷涡势力强大，冷涡底部冷空气在旋转槽的引导下向南移动，锋后 700 hPa 有干侵入（图 2.1.1—2.1.2）。受冷锋与西南涡的共同作用，在锋后干侵入以及副高西侧低空暖湿气流的配置下，重庆西部出现了强降雨天气及罕见的小时降雨量。

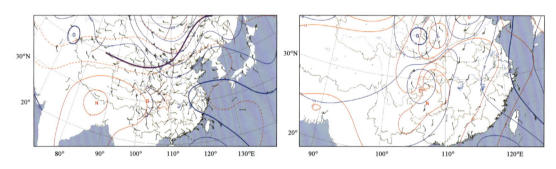

图 2.1.1　2012 年 7 月 21 日 20 时 500 hPa（左）和 850 hPa（右）天气形势

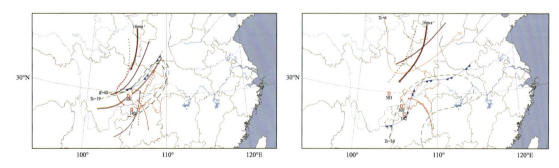

图 2.1.2　2012 年 7 月 21 日 20 时（左）和 22 日 08 时（右）中尺度天气环境条件场分析

探空资料分析:从沙坪坝、宜宾探空资料(图 2.1.3)分析,7 月 21 日 20 时重庆本地及周边地区的环境条件有利于重庆地区短时强降水的发生:1)宜宾上空湿层深厚,从近地面到 400 hPa 水汽接近饱和,850 hPa 比湿达到 17 g・kg^{-1};沙坪坝上空 700 hPa 到 600 hPa 为湿层,850 hPa 比湿为 16 g・kg^{-1}。2)沙坪坝 CAPE 达 2917 J・kg^{-1},宜宾 CAPE 也达到 1366 J・kg^{-1},两站 K 指数、BLI 分别为 43 ℃、−4.8 ℃ 和 39 ℃、−2.4 ℃,具有较强的热力不稳定;3)沙坪坝上空风向随高度升高顺时针转,0—3 km 和 0—6 km 垂直风切变分别为 6.8 m・s^{-1} 和 7.2 m・s^{-1};4)沙坪坝 0 ℃ 层高度 5.7 km,较深厚的暖层有利于高效率暖云降雨的形成。

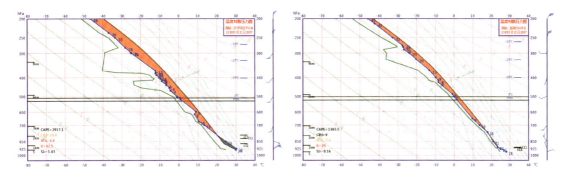

图 2.1.3　2012 年 7 月 21 日 20 时沙坪坝(左)和宜宾(右)T-ln$p$ 图

卫星云图和地闪演变分析:强降水持续期间,盘龙站附近强对流云团稳定维持,云顶亮温低于−32 ℃、−52 ℃ 和−72 ℃ 区面积均逐渐扩大,盘龙站位于亮温低于−72 ℃ 的亮温低值区并偏向亮温梯度大值区一侧(图 2.1.4—2.1.5)。盘龙站附近一直有较密集的地闪(图 2.1.6—2.1.9),22:30—23:00 盘龙站为地闪密度最大值中心。

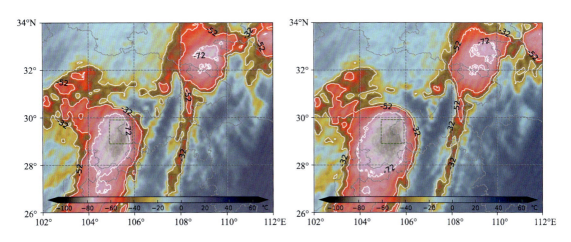

图 2.1.4　2012 年 7 月 21 日 21:30(左)和 22:00(右)FY-2E 卫星红外通道 TBB 云图
(图中绿色虚线框为图 2.1.6 显示的范围)

天气雷达回波演变分析:盘龙站相对于重庆雷达方位角 269°,距离 106 km。重庆雷达西面 0.5°仰角波束在盘龙站附近完全被阻挡(图 2.1.10—2.1.13),1.45°仰角也存在较为严重

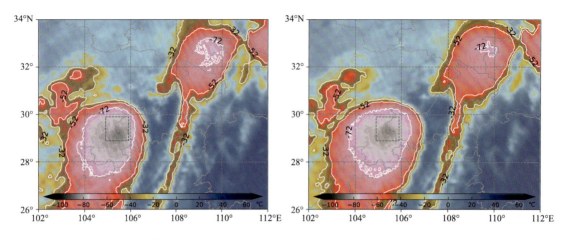

图 2.1.5　2012 年 7 月 21 日 22:30(左)和 23:00(右)FY-2E 卫星红外通道 TBB 云图

的部分阻挡。1.45°和 2.4°仰角波束中心在盘龙站附近的高度分别为 3.9 km 和 5.6 km。从回波演变和降水情况(图 2.1.14—2.1.21)可以看出:21:00—21:54,盘龙站以北、以西和以南的回波缓慢相向移动并合并,合并后在盘龙站附近逐渐发展出一个深厚的中涡旋,该中涡旋延伸到 9 km 高度以上(图 2.1.13,重庆雷达 4.3°仰角波束中心在盘龙站附近的高度为 9.2 km)。22:30—23:00,盘龙站附近的中涡旋与地闪密度大值区对应。风暴合并以及中涡旋的持续,可能导致风暴加强且移动缓慢,22:24,雷达回波对应的 6 min 降水在 24mm 以上(图 2.1.20)。盘龙站附近有多个时次出现发展超过 8 km 的 55 dBZ 以上的强回波(例如,图 2.1.18—2.1.19,21:36,22:12—22:30)。强降水持续期间,盘龙站附近 45 dBZ 的高度普遍在 6 km 以上,最高发展到 12 km(图 2.1.18—2.1.20)。大范围稳定维持的 40～55 dBZ 回波系统可能是造成极端降水的原因(图 2.1.18—2.1.20)。

临近预报关注点:卫星红外云图上,强风暴云团强烈发展,盘龙站位于云顶亮温低值区并偏向亮温梯度大值区一侧。盘龙站附近地闪密度大、维持时间长(图 2.1.6—2.1.9)。强风暴合并后发展出深厚的中尺度涡旋。40～55 dBZ 范围大且稳定维持,易造成极端强降水。

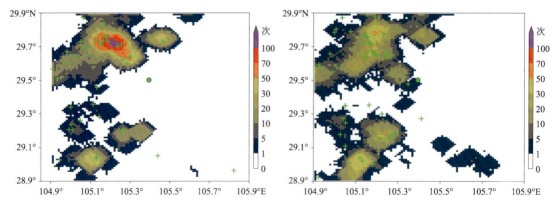

图 2.1.6　2012 年 7 月 21 日 20:00—20:30(左)和 20:30—21:00(右)0.01°×0.01°ADTD 地闪累计次数
(统计半径:格点周围 5 km 范围;图中绿色"+"为正闪,绿色实心圆为盘龙站位置)

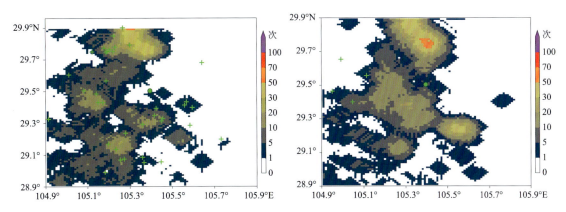

图 2.1.7　2012 年 7 月 21 日 21:00—21:30(左)和 21:30—22:00(右)0.01°×0.01°ADTD
地闪累计次数

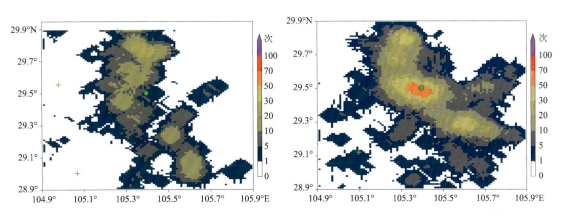

图 2.1.8　2012 年 7 月 21 日 22:00—22:30(左)和 22:30—23:00(右)0.01°×0.01°ADTD
地闪累计次数

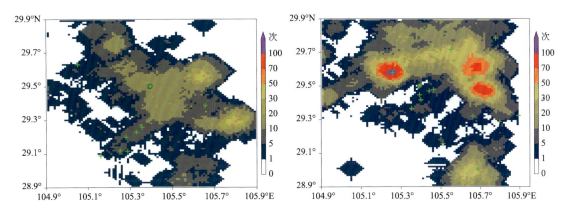

图 2.1.9　2012 年 7 月 21 日 23:00—23:30(左)和 21 日 23:30—22 日 00:00(右)0.01°×0.01°ADTD
地闪累计次数

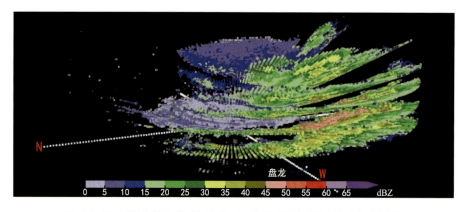

图 2.1.10 2012 年 7 月 21 日 22:23 重庆雷达体积扫描反射率因子
（体扫模式：VCP21；盘龙站相对于重庆雷达方位角 269°，距离 106 km）

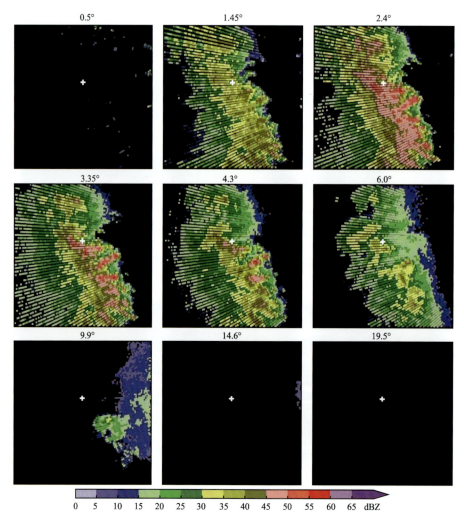

图 2.1.11 2012 年 7 月 21 日 22:23 重庆雷达不同仰角反射率因子
（体扫模式：VCP21；显示范围同图 2.1.6，图中白色"＋"为盘龙站位置）

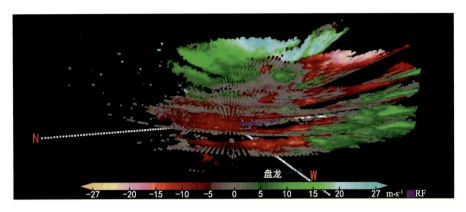

图 2.1.12　2012 年 7 月 21 日 22:23 重庆雷达体积扫描平均径向速度
（体扫模式：VCP21；盘龙站相对于重庆雷达方位角 269°，距离 106 km）

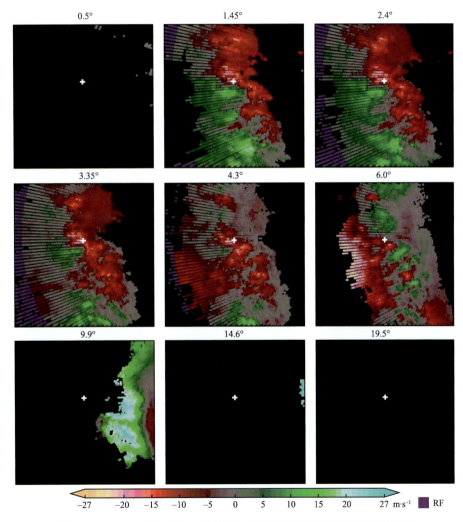

图 2.1.13　2012 年 7 月 21 日 22:23 重庆雷达不同仰角平均径向速度
（体扫模式：VCP21；显示范围同图 2.1.6，图中白色"＋"为盘龙站位置）

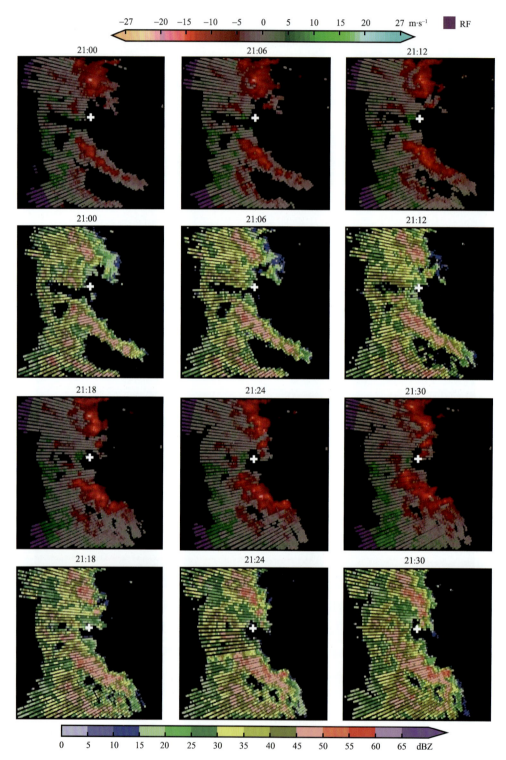

图 2.1.14　2012 年 7 月 21 日 21:00—21:30 重庆雷达 1.45°仰角平均径向速度(第 1、3 行)和
2.4°仰角反射率因子(第 2、4 行)

(体扫模式:VCP21;显示范围同图 2.1.6,图中白色"＋"为盘龙站位置)

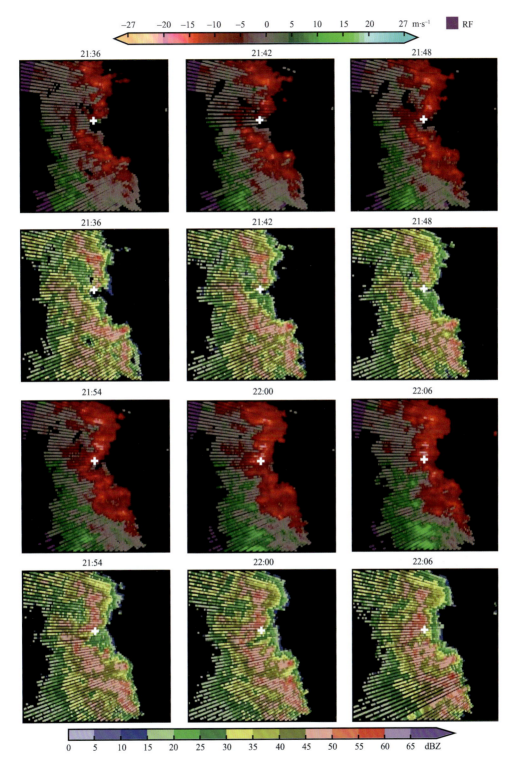

图 2.1.15　2012 年 7 月 21 日 21:36—22:06 重庆雷达 1.45°仰角平均径向速度(第 1、3 行)和
2.4°仰角反射率因子(第 2、4 行)

(体扫模式:VCP21;显示范围同图 2.1.6,图中白色"+"为盘龙站位置)

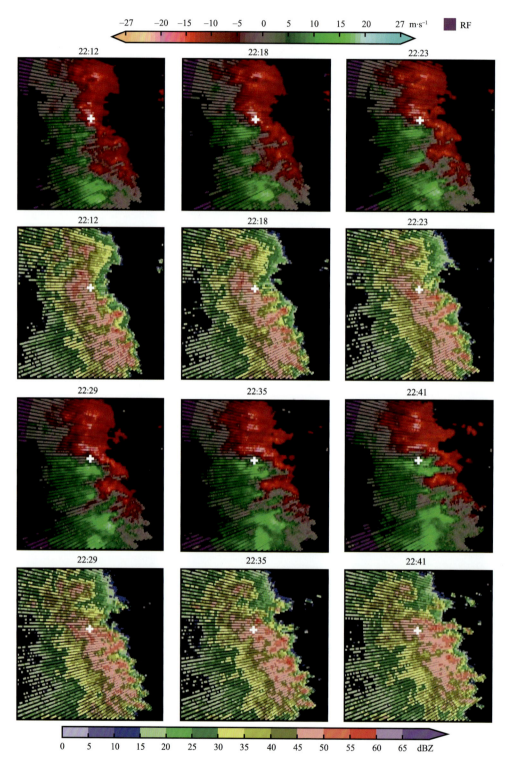

图 2.1.16　2012 年 7 月 21 日 22:12—22:41 重庆雷达 1.45°仰角平均径向速度(第 1、3 行)和
2.4°仰角反射率因子(第 2、4 行)

(体扫模式:VCP21;显示范围同图 2.1.6,图中白色"＋"为盘龙站位置)

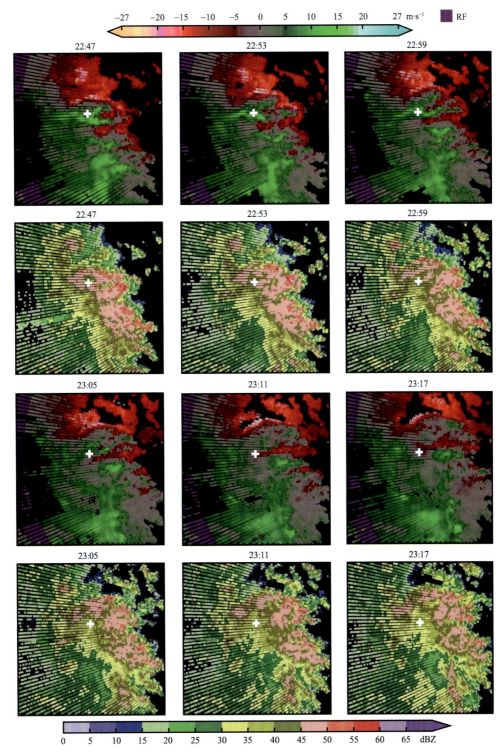

图 2.1.17　2012 年 7 月 21 日 22：47—23：17 重庆雷达 1.45°仰角平均径向速度(第 1、3 行)和
2.4°仰角反射率因子(第 2、4 行)

(体扫模式：VCP21；显示范围同图 2.1.6，图中白色"＋"为盘龙站位置)

95

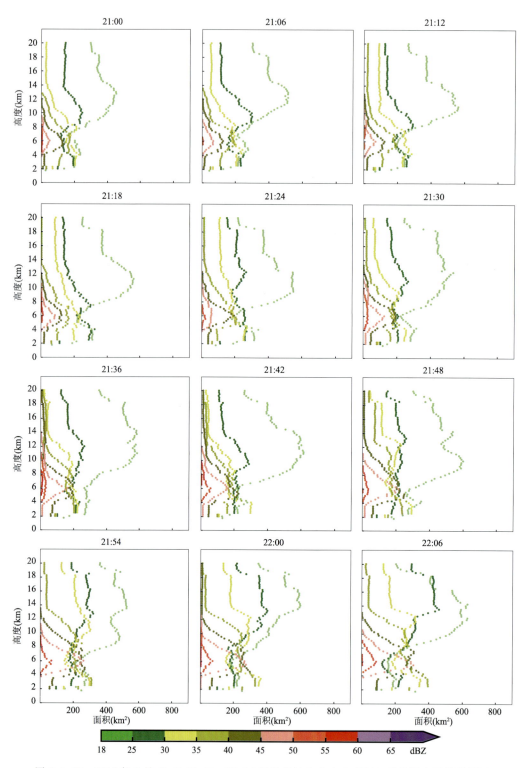

图 2.1.18　2012 年 7 月 21 日 21:00—22:06 以盘龙站为中心 0.4°×0.4°范围内反射率因子
面积随高度分布

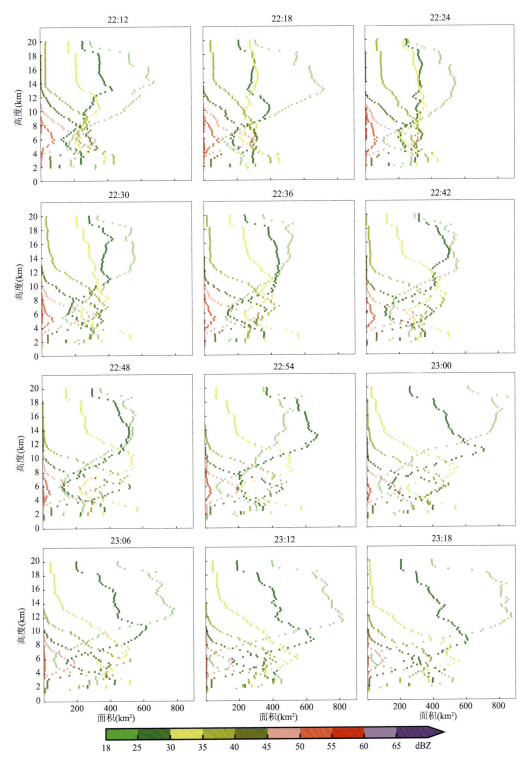

图 2.1.19　2012 年 7 月 21 日 22:12—23:18 以盘龙站为中心 0.4°×0.4°范围内反射率因子
面积随高度分布

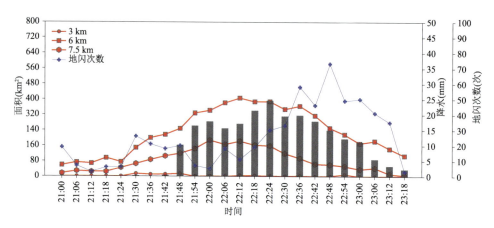

图 2.1.20 2012 年 7 月 21 日 21:00—23:18 以盘龙站为中心 0.4°×0.4°范围内不同高度层(3 km、6 km 和 7.5 km)45 dBZ 反射率因子面积变化;相应时段以盘龙站为中心、半径 20 km 范围内的地闪次数 (蓝色折线)和盘龙站降水(柱图)

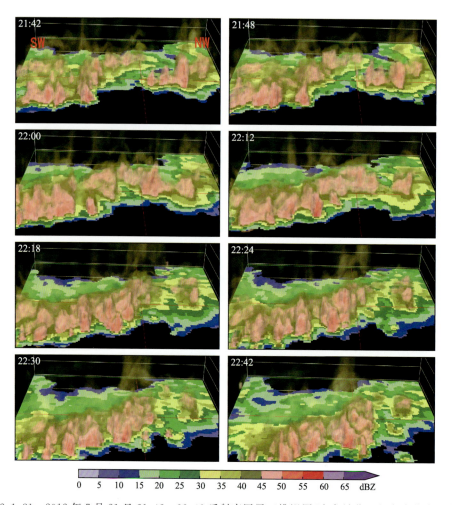

图 2.1.21 2012 年 7 月 21 日 21:42—22:42 反射率因子三维视图(盘龙站位于红色实线交叉点)

2.2　2013 年 6 月 30 日大足区回龙站短时强降水

实况:2013 年 6 月 30 日 23:00,7 月 1 日 00:00 和 01:00,重庆大足区回龙站发生短时强降水,小时雨量分别达 103.3 mm、82.2 mm 和 42.9 mm,3 h 累计雨量为 228.4 mm。

主要影响系统:850 hPa 至 500 hPa 低涡,低空急流,850 hPa 温度脊(图 2.2.1—2.2.2)。

系统配置及演变:低层暖平流强迫类。6 月 30 日 08—20 时,高原涡与西南涡在四川遂宁上空耦合形成深厚的低涡系统,6 月 30 日 20 时—7 月 1 日 08 时,受副热带高压阻挡,低涡系统移动缓慢,主要影响遂宁至重庆西部地区;重庆地区暖湿条件好,且低涡前部西南暖湿急流进一步增强,重庆西部地区夜间产生了强度大、区域集中的强降雨天气(图 2.2.1—2.2.2)。

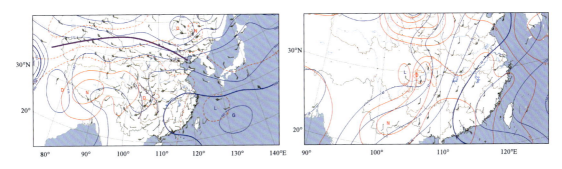

图 2.2.1　2013 年 6 月 30 日 20 时 500 hPa(左)和 850 hPa(右)天气形势

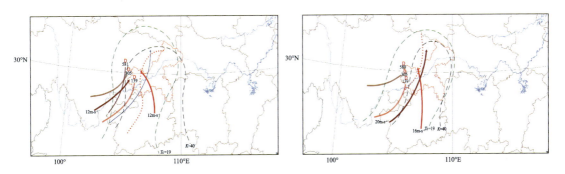

图 2.2.2　2013 年 6 月 30 日 20 时(左)和 7 月 1 日 08 时(右)中尺度天气环境条件场分析

探空资料分析:从沙坪坝、宜宾探空资料(图 2.2.3)分析,6 月 30 日 20 时重庆本地及周边地区的环境条件有利于重庆地区短时强降水的发生:1)沙坪坝、宜宾上空湿层深厚,从近地面到 400 hPa 附近空气接近饱和,两地 850 hPa 比湿分别达到 17 g·kg^{-1} 和 16 g·kg^{-1};2)沙坪坝、宜宾 CAPE 分别为 993 J·kg^{-1} 和 242 J·kg^{-1},具有一定强度的对流有效位能,K 指数分别达到 43 ℃ 和 38 ℃,热力不稳定明显;3)沙坪坝上空风向随高度升高顺时针转,0—3 km 和 0—6 km 垂直风切变较强,分别达到 12.4 m·s^{-1} 和 16.6 m·s^{-1};4)沙坪坝、宜宾上空抬升凝结高度较低,分别为 777 m 和 574 m。

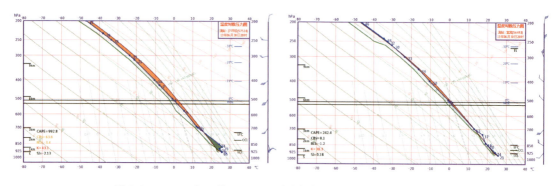

图 2.2.3　2013 年 6 月 30 日 20 时沙坪坝(左)和宜宾(右)T-lnp 图

卫星云图和地闪演变分析：回龙站附近的强降水发生前，卫星云图(图 2.2.4)上在回龙站西南有对流云团合并，合并后的对流云团发展旺盛(图 2.2.5)，强降水持续期间，回龙站附近的云顶亮温低于 −72 ℃。6 月 30 日 21:00 以后，回龙站附近地闪密度增大(图 2.2.6)，大值区从回龙站西偏南经过回龙站后移动到回龙站东北面(图 2.2.7—2.2.8)，6 月 30 日 23:00—7 月 1 日 00:00，另一个地闪密度大值区从回龙站西南向东北方向移动到回龙站(图 2.2.8—2.2.9)，强地闪中心依次经过回龙站，表现出列车效应特征。

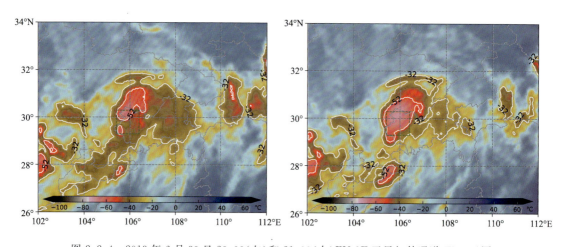

图 2.2.4　2013 年 6 月 30 日 20:00(左)和 21:00(右)FY-2E 卫星红外通道 TBB 云图
(图中绿色虚线框为图 2.2.6 显示的范围)

天气雷达回波演变分析：回龙站相对于永川雷达方位角 3°，距离 54 km。永川雷达 0.5°仰角和 1.45°仰角波束中心在回龙站附近的高度分别为 1.3 km 和 2.2 km。从回波演变和降水情况(图 2.2.10—2.2.21)可以看出：21:53，回龙站以西的强回波移近回龙站，虽然回波移向基本上与雷达径向垂直，仍能看出在回龙站以北有一个朝向雷达的径向速度中心，在回龙站东北有一个离开雷达的径向速度中心，之后两个相反方向的径向速度中心逐渐靠近，在回龙站东北发展出一个延伸到 4 km 高度的中涡旋(图 2.2.13，3.35°仰角)。中涡旋稳定维持并缓慢东移，回龙站位于中涡旋西南面的偏北气流与回龙站以南的偏南气流的辐合区域，导致回龙站附

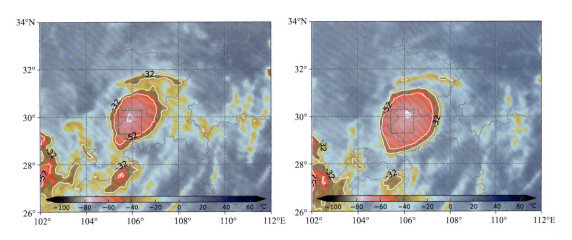

图 2.2.5　2013 年 6 月 30 日 22:00(左)和 23:00(右)FY-2E 卫星红外通道 TBB 云图

近发生短时强降水,22:30 雷达回波对应的 6 min 降水在 16 mm 以上(图 2.2.20)。回龙站附近出现最高发展到 8 km 以上的超过 50 dBZ 的回波(图 2.2.18,22:12)。强降水持续期间,回龙站附近 45 dBZ 的高度普遍在 6 km 以上,最高发展到 10 km(图 2.2.18—2.2.20)。大范围稳定维持的 40～50 dBZ 的回波系统可能是造成极端降水的原因。从降水演变和反射率因子三维视图(图 2.2.20—2.2.21)也可以看出回波发展具有列车效应特征。

　　临近预报关注点:卫星红外云图上,强风暴云团强烈发展并合并,回龙站位于亮温低值区。地闪密度很大,强地闪区域缓慢移经回龙站。强地闪区域和回波演变具有列车效应特征。径向速度图上有中尺度涡旋。40～50 dBZ 范围大且稳定维持,易造成极端强降水。

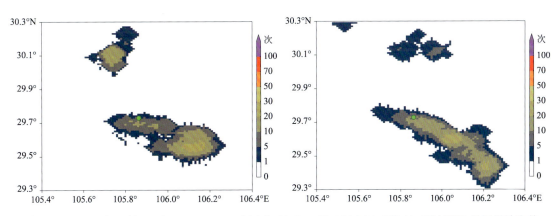

图 2.2.6　2013 年 6 月 30 日 21:00—21:30(左)和 21:30—22:00(右)0.01°×0.01°ADTD 地闪累计次数
(统计半径:格点周围 5 km 范围;图中绿色"+"为正闪,绿色实心圆为回龙站位置)

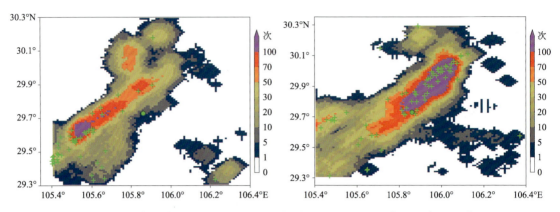

图 2.2.7 2013 年 6 月 30 日 22：00—22：30（左）和 22：30—23：00（右）0.01°×0.01°ADTD
地闪累计次数

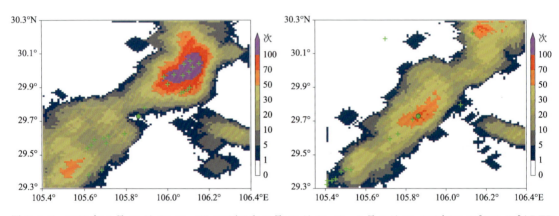

图 2.2.8 2013 年 6 月 30 日 23：00—23：30（左）和 6 月 30 日 23：30—7 月 1 日 00：00（右）0.01°×0.01°ADTD
地闪累计次数

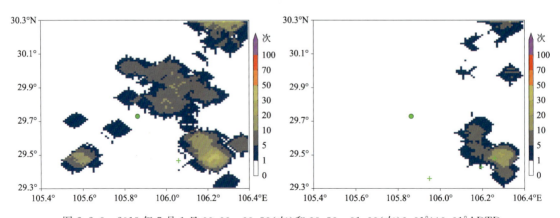

图 2.2.9 2013 年 7 月 1 日 00：00—00：30（左）和 00：30—01：00（右）0.01°×0.01°ADTD
地闪累计次数

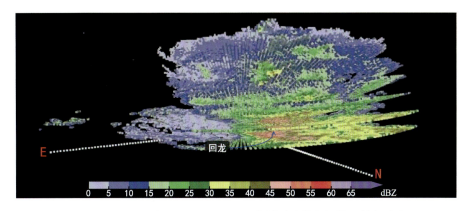

图 2.2.10 2013 年 6 月 30 日 22:30 永川雷达体积扫描反射率因子
(体扫模式:VCP21;回龙站相对于永川雷达方位角 3°,距离 54 km)

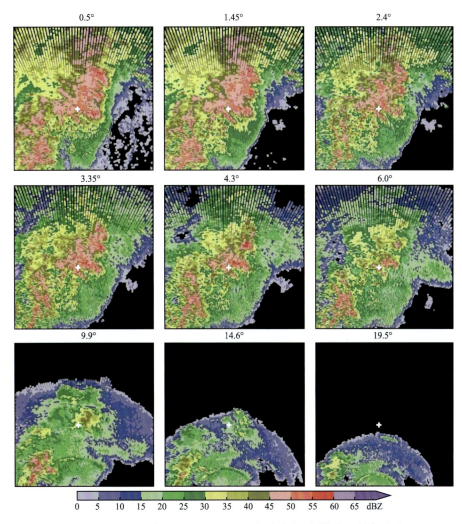

图 2.2.11 2013 年 6 月 30 日 22:30 永川雷达不同仰角反射率因子
(体扫模式:VCP21;显示范围同图 2.2.6,图中白色"+"为回龙站位置)

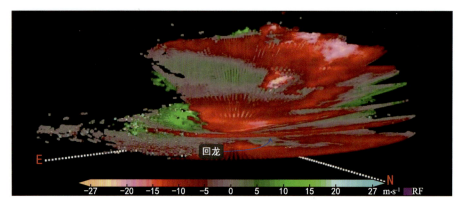

图 2.2.12　2013 年 6 月 30 日 22:30 永川雷达体积扫描平均径向速度
（体扫模式:VCP21;回龙站相对于永川雷达方位角 3°,距离 54 km）

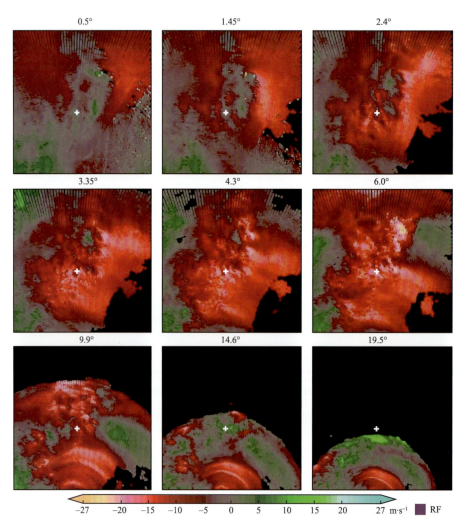

图 2.2.13　2013 年 6 月 30 日 22:30 永川雷达不同仰角平均径向速度
（体扫模式:VCP21;显示范围同图 2.2.6,图中白色"＋"为回龙站位置）

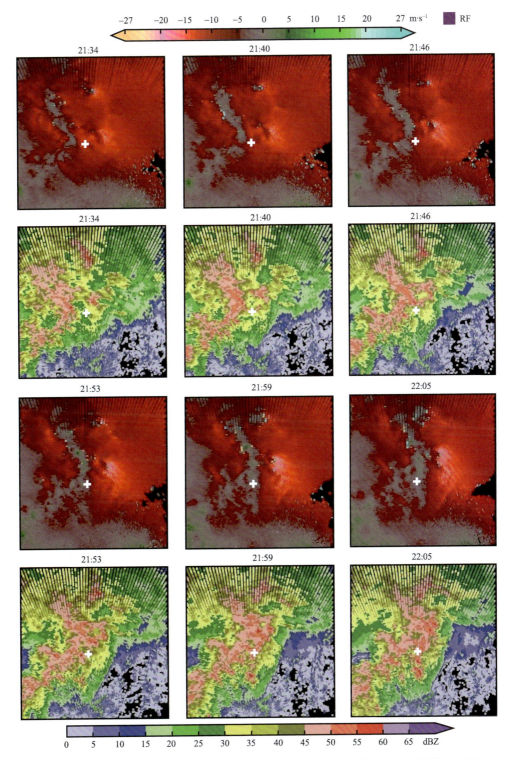

图 2.2.14　2013 年 6 月 30 日 21:34—22:05 永川雷达 1.45°仰角平均径向速度(第 1、3 行)和
0.5°仰角反射率因子(第 2、4 行)

(体扫模式:VCP21;显示范围同图 2.2.6,图中白色"+"为回龙站位置)

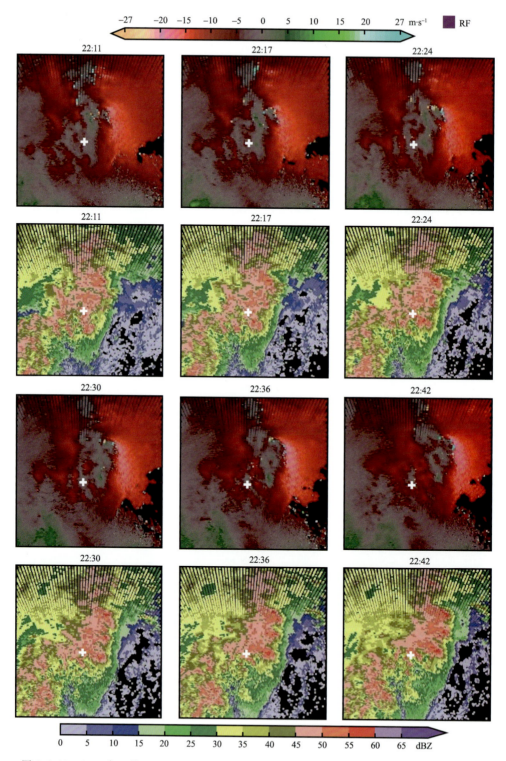

图 2.2.15 2013 年 6 月 30 日 22:11—22:42 永川雷达 1.45°仰角平均径向速度(第 1、3 行)和
0.5°仰角反射率因子(第 2、4 行)

(体扫模式:VCP21;显示范围同图 2.2.6,图中白色"+"为回龙站位置)

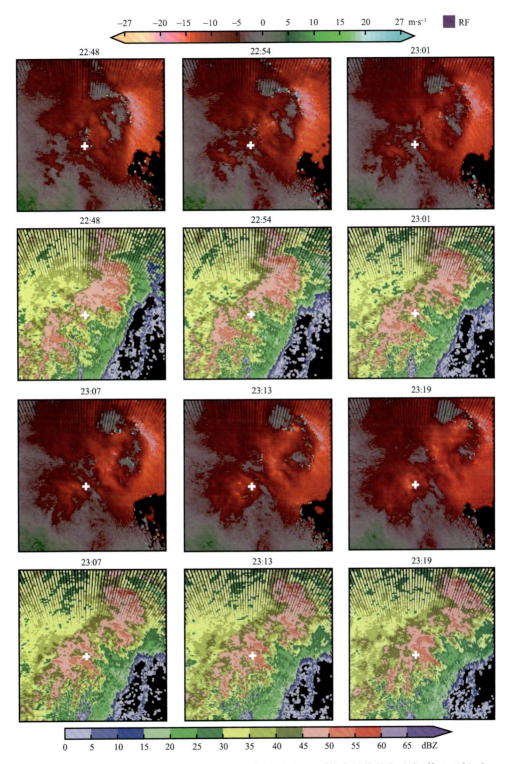

图 2.2.16　2013 年 6 月 30 日 22:48—23:19 永川雷达 1.45°仰角平均径向速度(第 1、3 行)和
0.5°仰角反射率因子(第 2、4 行)

(体扫模式:VCP21;显示范围同图 2.2.6,图中白色"+"为回龙站位置)

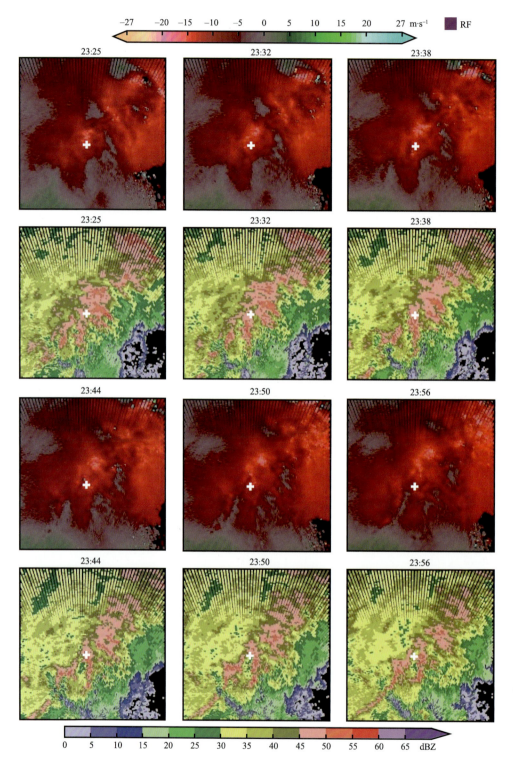

图 2.2.17　2013 年 6 月 30 日 23:25—23:56 永川雷达 1.45°仰角平均径向速度(第 1、3 行)和

0.5°仰角反射率因子(第 2、4 行)

(体扫模式:VCP21;显示范围同图 2.2.6,图中白色"＋"为回龙站位置)

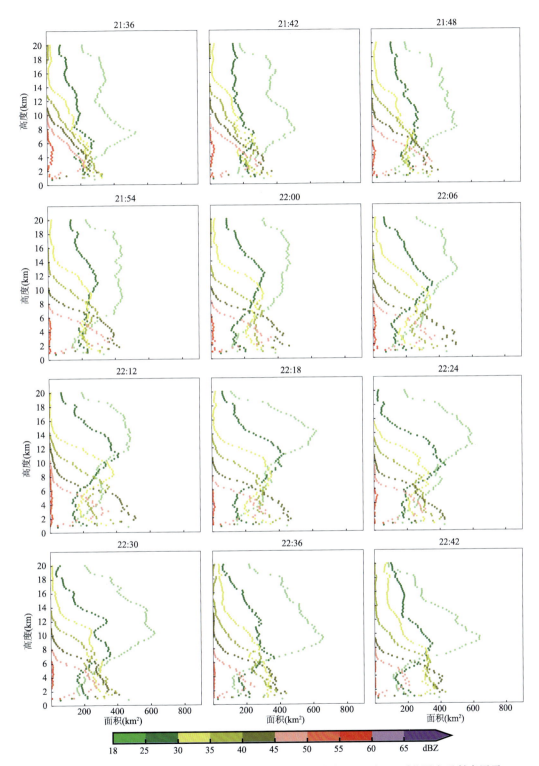

图 2.2.18　2013 年 6 月 30 日 21:36—22:42 以回龙站为中心 0.4°×0.4°范围内反射率因子面积随高度分布

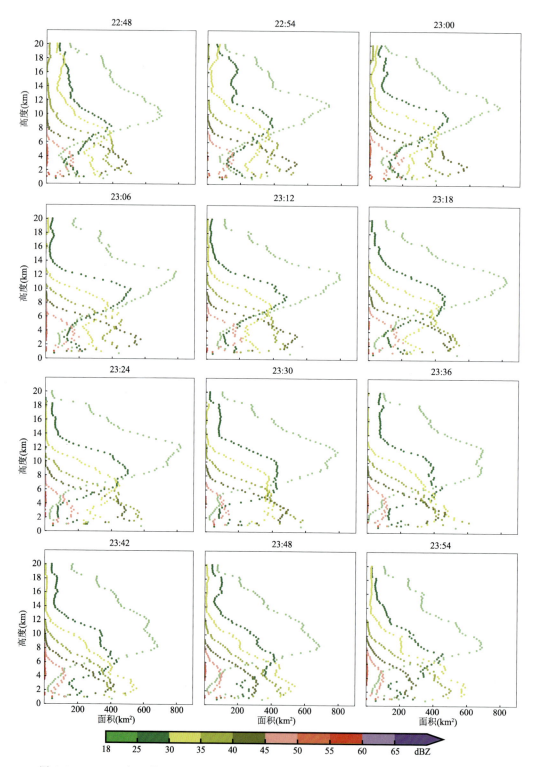

图 2.2.19　2013 年 6 月 30 日 22:48—23:54 以回龙站为中心 0.4°×0.4°范围内反射率因子
面积随高度分布

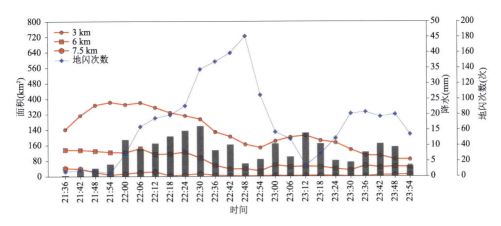

图 2.2.20　2013 年 6 月 30 日 21:36—23:54 以回龙站为中心 0.4°×0.4°范围内不同高度层(3 km、6 km 和 7.5 km)45 dBZ 反射率因子面积变化;相应时段以回龙站为中心、半径 20 km 范围内的地闪次数 (蓝色折线)和回龙站降水(柱图)

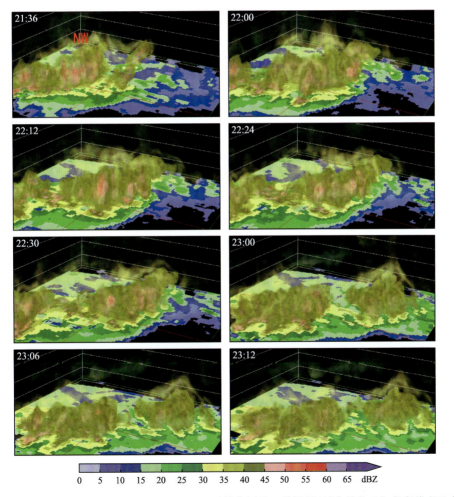

图 2.2.21　2013 年 6 月 30 日 21:36—23:12 反射率因子三维视图(回龙站位于红色实线交叉点)

111

2.3 2014 年 6 月 3 日江津区登云站短时强降水

实况：2014 年 6 月 3 日 03：00 和 04：00，重庆江津区登云站发生短时强降水，小时雨量分别达 61.8 mm 和 82.0 mm。

主要影响系统：500 hPa 低槽，700 hPa 及 850 hPa 低涡，850 hPa 温度脊，地面辐合线（图2.3.1—2.3.2）。

系统配置及演变：低层暖平流强迫类。2 日 20 时，受偏南暖湿气流影响，重庆西部地区温湿条件较好，处于暖湿舌内部，且西部有地面辐合线存在；2 日 20 时—3 日 08 时，500 hPa 青藏高原波动槽东移，槽前地面辐合线附近有低空低涡生成，在低槽和低涡的共同影响下，重庆西部出现强降水（图 2.3.1—2.3.2）。

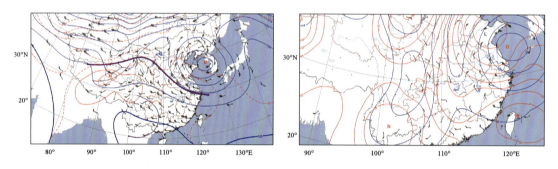

图 2.3.1 2014 年 6 月 2 日 20 时 500 hPa（左）和 850 hPa（右）天气形势

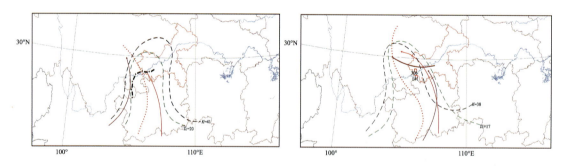

图 2.3.2 2014 年 6 月 2 日 20 时（左）和 3 日 08 时（右）中尺度天气环境条件场分析

探空资料分析:从沙坪坝、宜宾探空资料(图 2.3.3)分析,6 月 2 日 20 时重庆本地及周边地区的环境条件有利于重庆西部短时强降水的发生:1)对流层中低层水汽异常充沛,沙坪坝 850 hPa 比湿达到 19 g·kg^{-1};2)沙坪坝对流有效位能很强,达到 3119 J·kg^{-1},K 指数、BLI 值分别为 41 ℃和－5.2 ℃,宜宾 K 指数也达到 41 ℃,两地对流层中下层具有明显的热力不稳定;3)沙坪坝上空风向随高度升高顺时针旋转明显,0—3 km 和 0—6 km 垂直风切变分别为 8.3 m·s^{-1}和 9.7 m·s^{-1}。

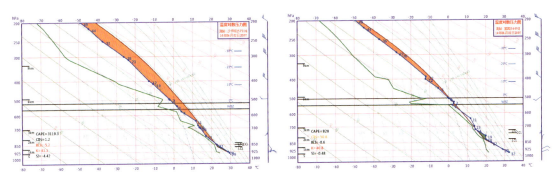

图 2.3.3　2014 年 6 月 2 日 20 时沙坪坝(左)和宜宾(右)$T\text{-}\ln p$ 图

卫星云图和地闪演变分析:强降水持续期间,登云站附近的强风暴云团与其东北侧的云团合并,登云站一直处于强风暴云团的云顶亮温低值区(图 2.3.4—2.3.5),登云站及周边(图 2.3.5 中绿色虚线框内)主要位于云顶亮温低于－72 ℃的区域。02:00—03:30,登云站附近地闪密度很大且稳定在登云站附近,03:30 以后强地闪中心缓慢东移,但登云站附近地闪依然较为密集(图 2.3.6—2.3.9)。

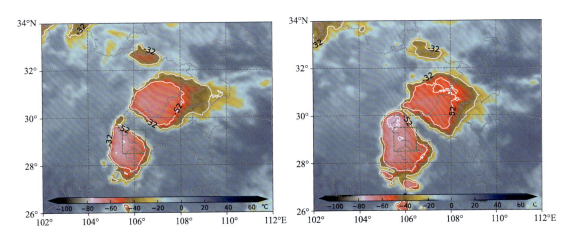

图 2.3.4　2014 年 6 月 3 日 00:30(左)和 01:30(右)FY-2F 卫星红外通道 TBB 云图
(图中绿色虚线框为图 2.3.6 显示的范围)

天气雷达回波演变分析:登云站相对于永川雷达方位角 147°,距离 29 km。永川雷达 0.5°仰角和 3.4°仰角波束中心在登云附近的高度分别为 1 km 和 2.4 km。从回波演变和降水情况

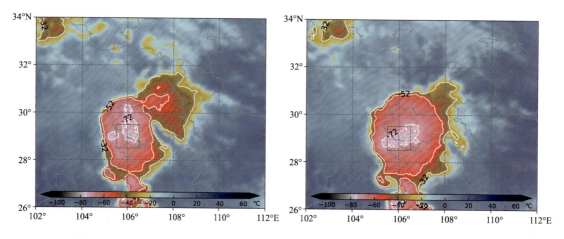

图 2.3.5　2014 年 6 月 3 日 02:30(左)和 03:30(右)FY-2F 卫星红外通道 TBB 云图

(图 2.3.10—2.3.21)可以看出:01:37,登云站西南的带状强回波东移到达登云站,之后回波稳定在登云站附近并逐渐演变为块状。03:22 开始登云站附近有中涡旋出现,03:41 尤其明显(图 2.3.16—2.3.17),对应的 6 min 降水在 11 mm 以上。登云站附近有多个时次出现 55 dBZ 以上的回波,55 dBZ 回波最高发展到 7 km 以上(图 2.3.18—2.3.19)。强降水持续期间,登云站附近 45 dBZ 的高度普遍在 7.5 km 以上,最高发展到 12 km 以上(图 2.3.18—2.3.20)。大范围稳定维持的 40～55 dBZ 的回波系统可能是造成极端降水的原因(图 2.3.18—2.3.20)。从反射率因子三维视图动画(图 2.3.21)可以看出,登云站西侧不断有回波系统生成并向偏东方向移动,列车效应导致登云站附近持续发生强降水(图 2.3.20)。

临近预报关注点:卫星红外云图上,强风暴云团强烈发展并合并,登云站位于亮温低值区。地闪密度很大,强地闪区域稳定在登云站附近。雷达回波演变具有列车效应特征。径向速度图上有中尺度涡旋。雷达回波 40～55 dBZ 范围大且稳定维持,易造成极端强降水。

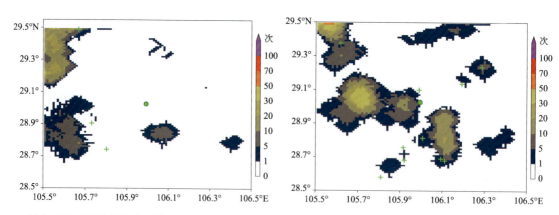

图 2.3.6　2014 年 6 月 3 日 01:00—01:30(左)和 01:30—02:00(右)0.01°×0.01°ADTD 地闪累计次数
(统计半径:格点周围 5 km 范围;图中绿色"＋"为正闪,绿色实心圆为登云站位置)

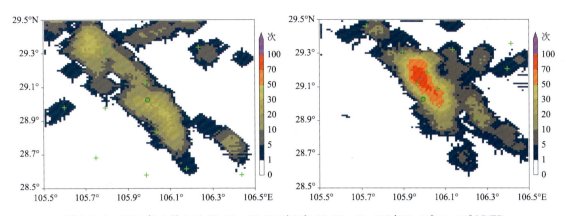

图 2.3.7 2014 年 6 月 3 日 02:00—02:30(左)和 02:30—03:00(右)0.01°×0.01°ADTD
地闪累计次数

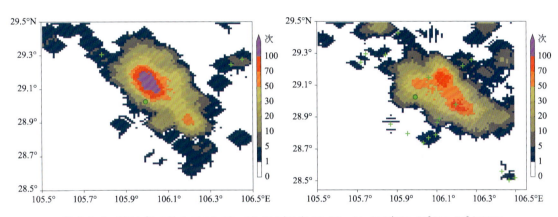

图 2.3.8 2014 年 6 月 3 日 03:00—03:30(左)和 03:30—04:00(右)0.01°×0.01°ADTD
地闪累计次数

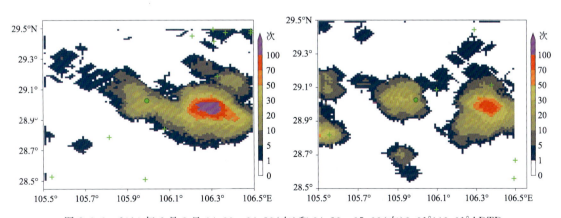

图 2.3.9 2014 年 6 月 3 日 04:00—04:30(左)和 04:30—05:00(右)0.01°×0.01°ADTD
地闪累计次数

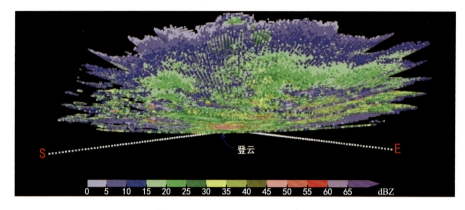

图 2.3.10 2014 年 6 月 3 日 03:22 永川雷达体积扫描反射率因子
（体扫模式：VCP21；登云站相对于永川雷达方位角 147°，距离 29 km）

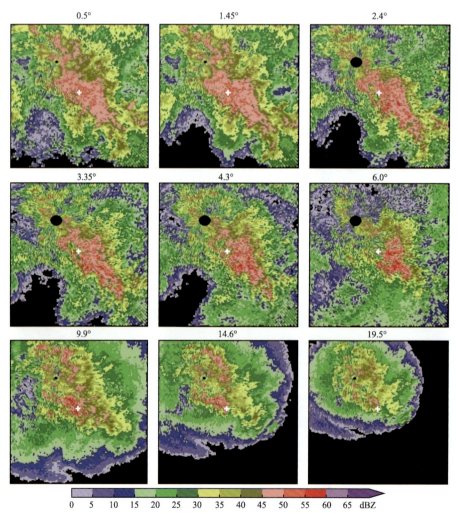

图 2.3.11 2014 年 6 月 3 日 03:22 重庆雷达不同仰角反射率因子
（体扫模式：VCP21；显示范围同图 2.3.6，图中白色"＋"为登云站位置）

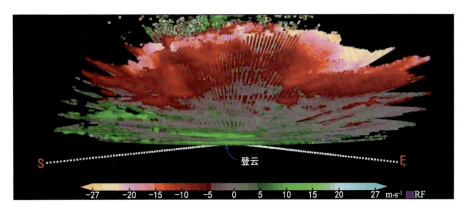

图 2.3.12　2014 年 6 月 3 日 03:22 永川雷达体积扫描平均径向速度
（体扫模式:VCP21;登云站相对于永川雷达方位角 147°,距离 29 km）

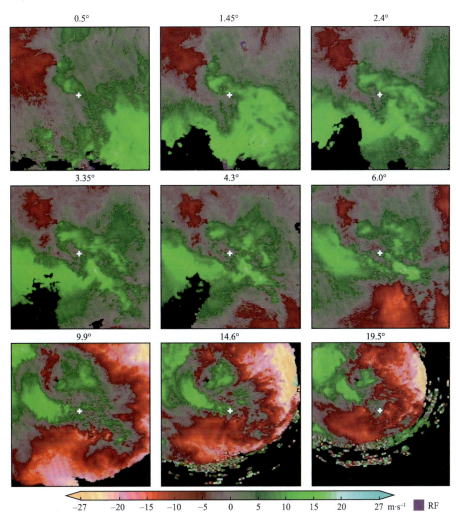

图 2.3.13　2014 年 6 月 3 日 03:22 重庆雷达不同仰角平均径向速度
（体扫模式:VCP21;显示范围同图 2.3.6,图中白色"＋"为登云站位置）

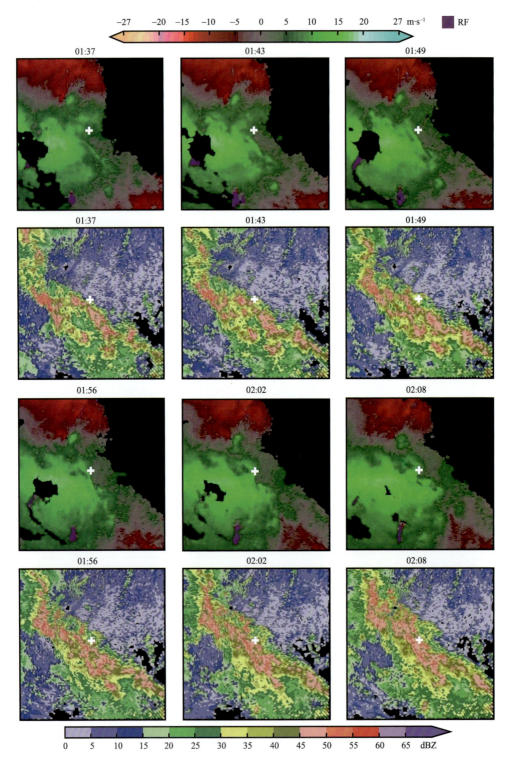

图 2.3.14　2014 年 6 月 3 日 01:37—02:08 永川雷达 3.35°仰角平均径向速度(第 1、3 行)和
0.5°仰角反射率因子(第 2、4 行)

(体扫模式:VCP21;显示范围同图 2.3.6,图中白色"+"为登云站位置)

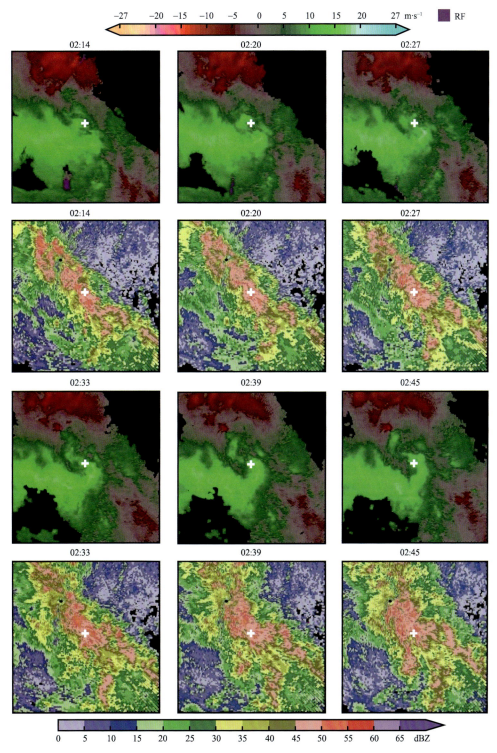

图 2.3.15　2014 年 6 月 3 日 02:14—02:45 永川雷达 3.35°仰角平均径向速度(第 1、3 行)和
0.5°仰角反射率因子(第 2、4 行)

(体扫模式:VCP21;显示范围同图 2.3.6,图中白色"＋"为登云站位置)

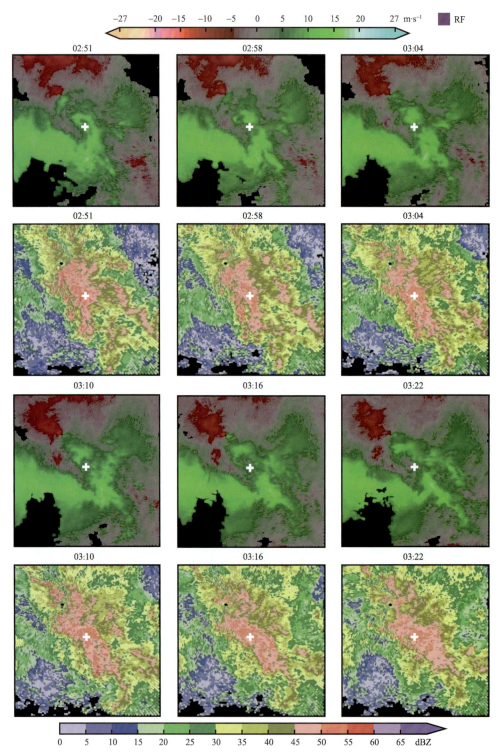

图 2.3.16 2014 年 6 月 3 日 02:51—03:22 永川雷达 3.35°仰角平均径向速度(第 1、3 行)和
0.5°仰角反射率因子(第 2、4 行)

(体扫模式:VCP21;显示范围同图 2.3.6,图中白色"＋"为登云站位置)

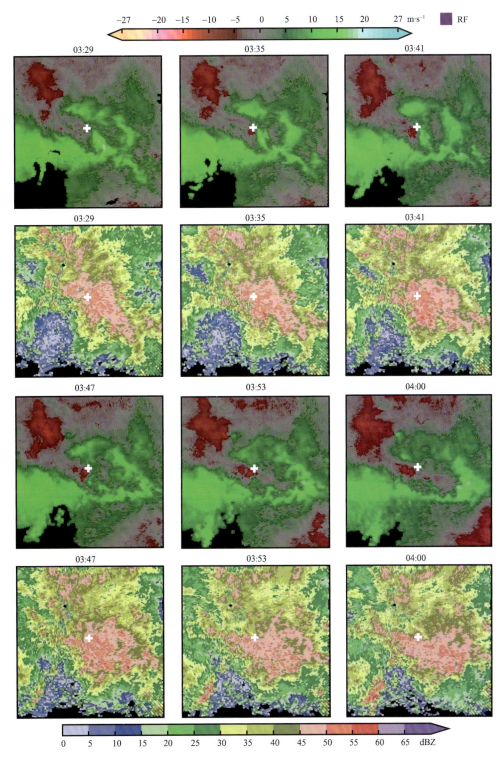

图 2.3.17　2014 年 6 月 3 日 03:29—04:00 永川雷达 3.35°仰角平均径向速度(第 1、3 行)和
0.5°仰角反射率因子(第 2、4 行)

(体扫模式:VCP21;显示范围同图 2.3.6,图中白色"+"为登云站位置)

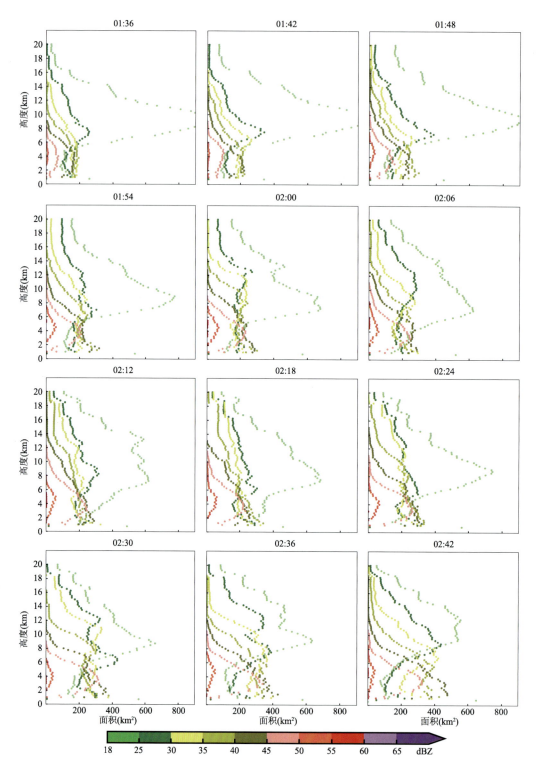

图 2.3.18　2014 年 6 月 3 日 01:36—02:42 以登云站为中心 0.4°×0.4°范围内反射率因子
面积随高度分布

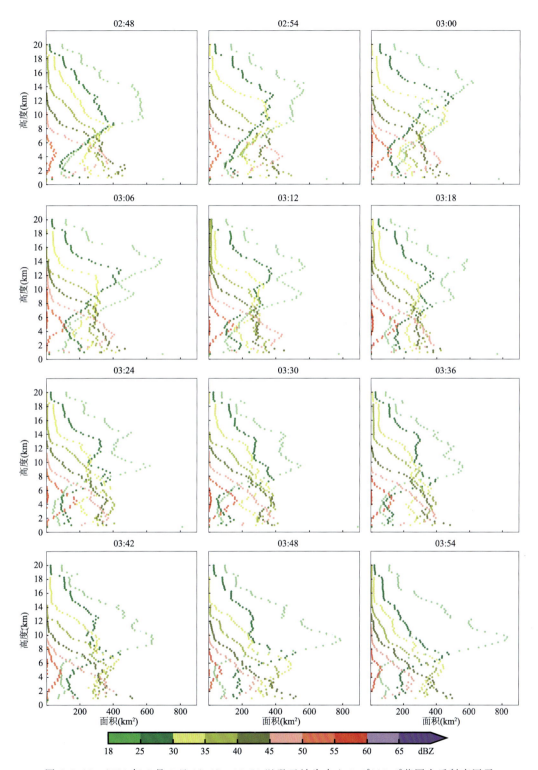

图 2.3.19　2014 年 6 月 3 日 02:48—03:54 以登云站为中心 0.4°×0.4°范围内反射率因子
面积随高度分布

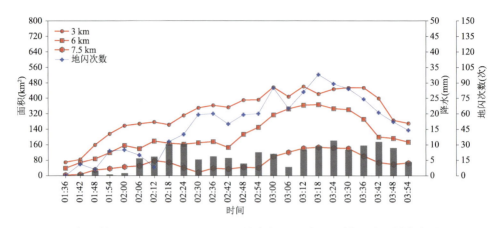

图 2.3.20　2014 年 6 月 3 日 01:36—03:54 以登云站为中心 0.4°×0.4° 范围内不同高度层(3 km、6 km 和 7.5 km)45 dBZ 反射率因子面积变化;相应时段以登云站为中心、半径 20 km 范围内的地闪次数 (蓝色折线)和登云站降水(柱图)

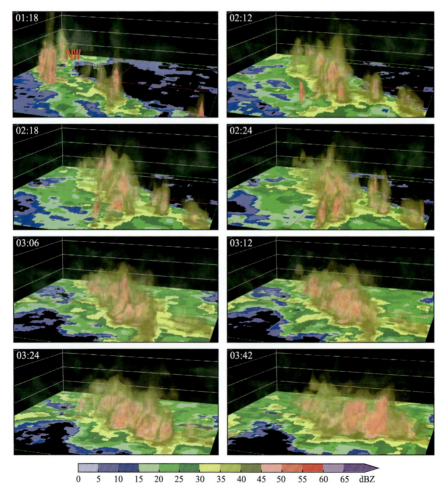

图 2.3.21　2014 年 6 月 3 日 01:18—03:42 反射率因子三维视图(登云站位于红色实线交叉点)

2.4　2014 年 9 月 13 日长寿区安坪站短时强降水

实况：2014 年 9 月 13 日 10:00、11:00 和 12:00，重庆长寿区安坪站发生短时强降水，小时雨量分别达 93.3 mm、52.9 mm 和 23.1 mm。

主要影响系统：500 hPa 低槽，850 hPa 低涡，低空急流，地面冷锋(图 2.4.1—2.4.2)。

系统配置及演变：斜压锋生类。12 日 20:00—13 日 08:00，重庆地区 500 hPa 维持副热带高压外围西南气流影响，700 hPa 西南急流在盆地上空形成辐合，850 hPa 重庆西部有低涡生成并向东北部缓慢移动，冷空气回流进入四川盆地，进一步增强了垂直上升运动，并减慢了低空低涡的移速，有利于低涡移动路径上强降雨的出现(图 2.4.1—2.4.2)。

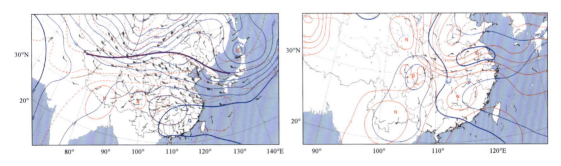

图 2.4.1　2014 年 9 月 12 日 20:00 500 hPa(左)和 850 hPa(右)天气形势

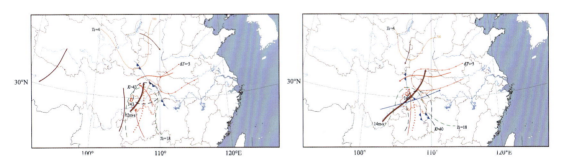

图 2.4.2　2014 年 9 月 12 日 20:00(左)和 13 日 08:00(右)中尺度天气环境条件场分析

探空资料分析：从沙坪坝探空资料(图 2.4.3)分析，9 月 12 日 20:00 至 13 日 08:00，重庆本地的环境条件有利于重庆地区短时强降水的发生：1)湿层深厚，从近地面到 500 hPa 相对湿度较大，水汽接近饱和，850 hPa 比湿达到 17 g·kg^{-1}；2)12 日 20:00，K 指数为 43 ℃、BLI 为 −4.4 ℃，CAPE 为 1081 J·kg^{-1} 并呈"狭长型"形态，到了 13 日 08:00，K 指数仍为 43 ℃，BLI 降低到 −5.4 ℃，对流层大气极不稳定；3)抬升凝结高度(LCL)低，12 日 20:00 为 440 m，13 日 08:00 下降到 265 m。

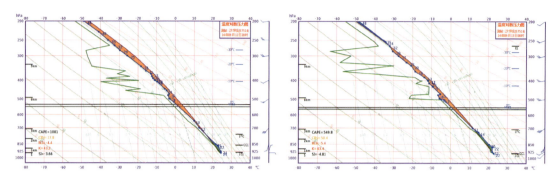

图 2.4.3　2014 年 9 月 12 日 20 时(左)和 13 日 08 时(右)沙坪坝 $T\text{-ln}p$ 图

卫星云图和地闪演变分析:强降水持续期间,安坪站附近的强风暴云团稳定少动,安坪站位于云顶亮温梯度大值区,安坪站及周边(图 2.4.4—2.4.5 中绿色虚线框内)主要位于云顶亮温低于 −72 ℃ 的区域,从 07:30—10:30,云顶亮温低于 −72 ℃ 的区域逐渐减小。08:00—12:00,安坪站附近地闪密度很大,强地闪区域缓慢东移,并伴有后向传播特征(图 2.4.6—2.4.9)。

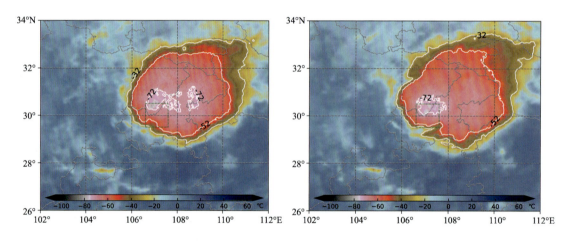

图 2.4.4　2014 年 9 月 13 日 07:30(左)和 08:30(右)FY-2F 卫星红外通道 TBB 云图

(图中绿色虚线框为图 2.4.6 显示的范围)

天气雷达回波演变分析:安坪站相对于重庆雷达方位角 47°,距离 97 km。重庆雷达在安坪站所在方向的波束阻挡较为严重(图 2.4.11)。重庆雷达 0.5°仰角和 1.45°仰角波束中心在安坪附近分别达 1.9 km 和 3.6 km 高度。从回波演变和降水情况(图 2.4.10—2.4.21)可以看出:08:27,安坪站以西的带状强回波东移到安坪站,之后回波稍有南压,但基本上稳定少动,09:20 左右安坪站附近 0.5°仰角平均径向速度图上出现一个尺度 10~15 km 的中尺度涡旋(PUP 上识别为中气旋),50 dBZ 反射率因子发展到 8 km 左右(图 2.4.19,09:18),安坪站相应的 6 min 降水为 15.3 mm(图 2.4.20)。强降水持续期间,安坪站附近 45 dBZ 发展到 6 km 高度、面积维持在 40 km² 以上的时次较多,09:30 超过 120 km²(图 2.4.20)。从图

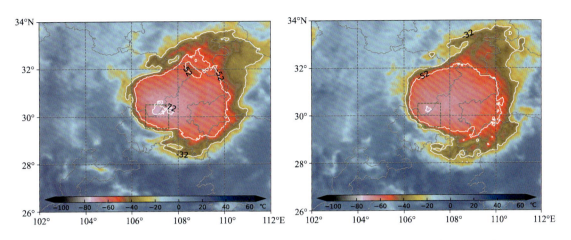

图 2.4.5　2014 年 9 月 13 日 09：30(左)和 10：30(右)FY-2F 卫星红外通道 TBB 云图

2.4.18—2.4.19 可见,大范围稳定维持的 40～50 dBZ 的回波系统可能是造成极端降水的原因。回波演变具有后向传播特征(例如,图 2.4.21,09：18—09：42),列车效应导致安坪站附近持续发生强降水(图 2.4.20)。

　　临近预报关注点:卫星红外云图上,强风暴云团稳定维持,安坪站位于云顶亮温梯度大值区。地闪密度很大,强地闪区域移动缓慢并伴有后向传播。回波演变具有列车效应特征,径向速度图上有中尺度涡旋。40～50 dBZ 范围大且稳定维持,容易造成极端强降水。

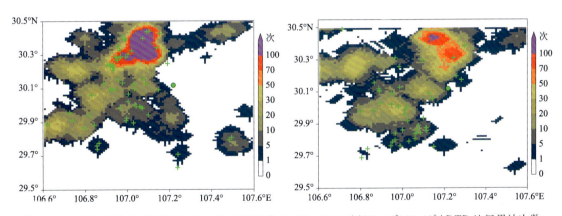

图 2.4.6　2014 年 9 月 13 日 08：00—08：30(左)和 08：30—09：00(右)0.01°×0.01°ADTD 地闪累计次数
(统计半径:格点周围 5 km 范围;图中绿色"＋"为正闪,绿色实心圆为安坪站位置)

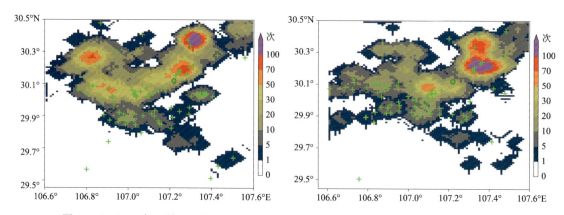

图 2.4.7　2014 年 9 月 13 日 09:00—09:30(左)和 09:30—10:00(右)0.01°×0.01°ADTD
地闪累计次数

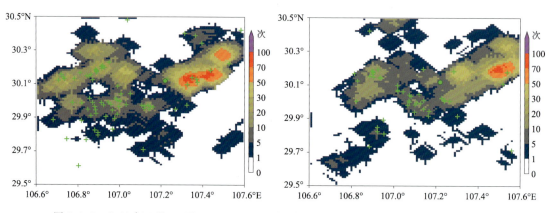

图 2.4.8　2014 年 9 月 13 日 10:00—10:30(左)和 10:30—11:00(右)0.01°×0.01°ADTD
地闪累计次数

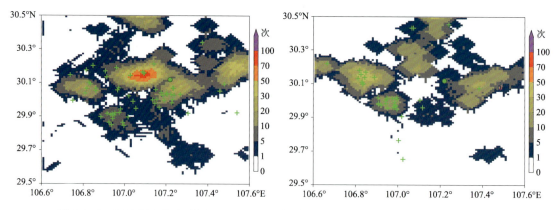

图 2.4.9　2014 年 9 月 13 日 11:00—11:30(左)和 11:30—12:00(右)0.01°×0.01°ADTD
地闪累计次数

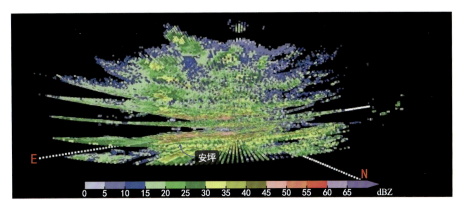

图 2.4.10　2014 年 9 月 13 日 09:20 重庆雷达体积扫描反射率因子
（体扫模式:VCP21;安坪站相对于永川雷达方位角 47°,距离 97 km）

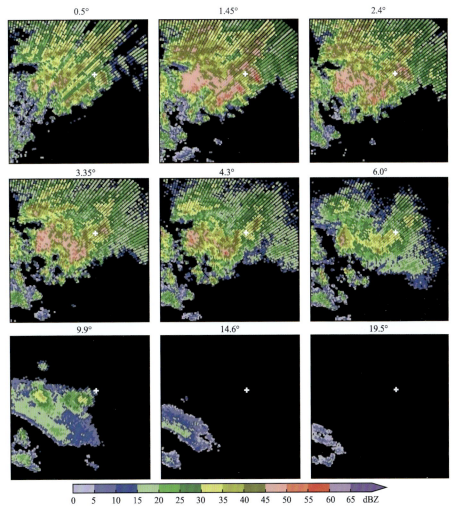

图 2.4.11　2014 年 9 月 13 日 09:20 重庆雷达不同仰角反射率因子
（体扫模式:VCP21;显示范围同图 2.4.6,图中白色"＋"为安坪站位置）

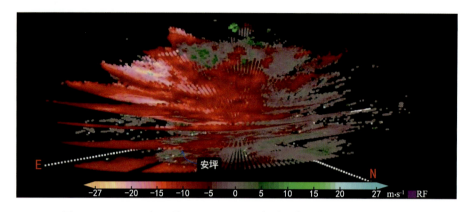

图 2.4.12　2014 年 9 月 13 日 09:20 重庆雷达体积扫描平均径向速度
（体扫模式:VCP21;安坪站相对于永川雷达方位角 47°,距离 97 km）

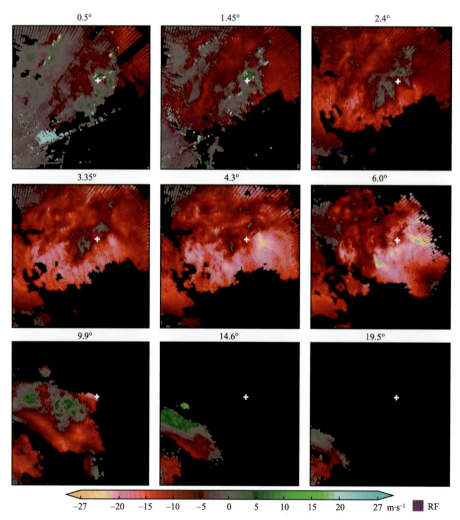

图 2.4.13　2014 年 9 月 13 日 09:20 重庆雷达不同仰角平均径向速度
（体扫模式:VCP21;显示范围同图 2.4.6,图中白色"+"为安坪站位置）

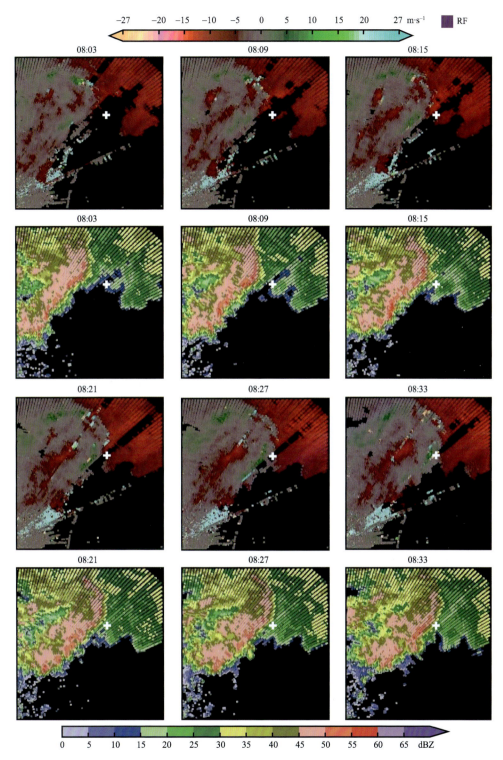

图 2.4.14　2014 年 9 月 13 日 08:03—08:33 重庆雷达 0.5°仰角平均径向速度(第 1、3 行)和 1.45°仰角反射率因子(第 2、4 行)

(体扫模式:VCP21;显示范围同图 2.4.6,图中白色"+"为安坪站位置)

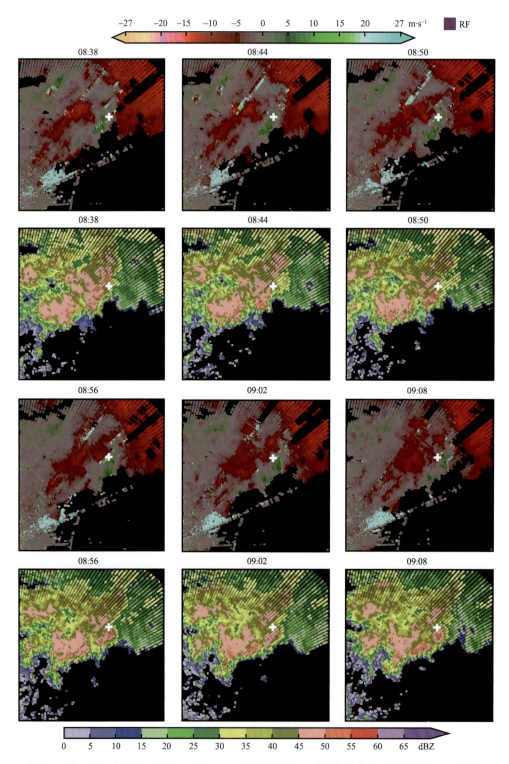

图 2.4.15　2014 年 9 月 13 日 08:38—09:08 重庆雷达 0.5°仰角平均径向速度(第 1、3 行)和
1.45°仰角反射率因子(第 2、4 行)
(体扫模式:VCP21;显示范围同图 2.4.6,图中白色"+"为安坪站位置)

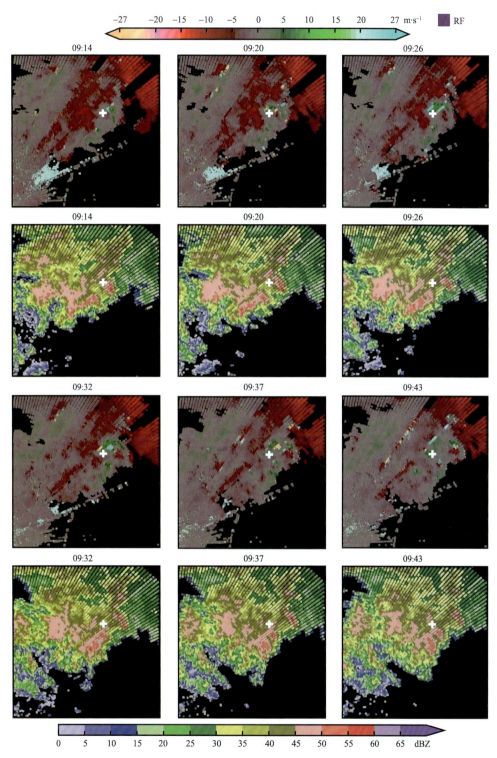

图 2.4.16　2014 年 9 月 13 日 09:14—09:43 重庆雷达 0.5°仰角平均径向速度(第 1、3 行)和
1.45°仰角反射率因子(第 2、4 行)

(体扫模式:VCP21;显示范围同图 2.4.6,图中白色"＋"为安坪站位置)

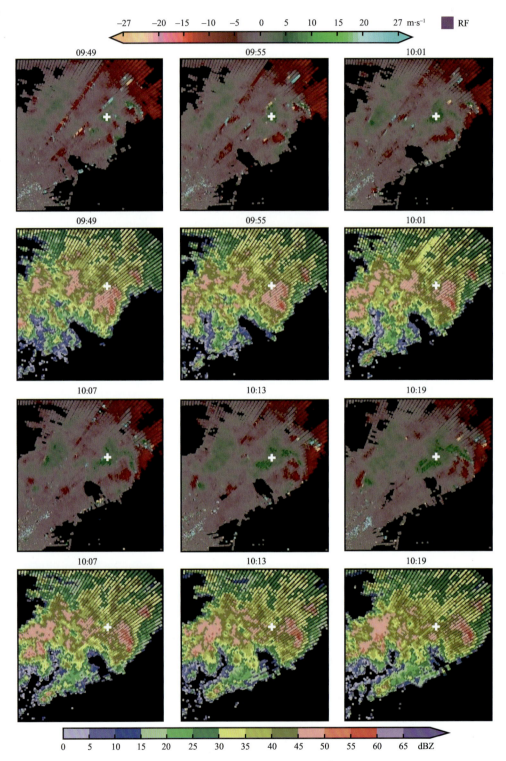

图 2.4.17　2014 年 9 月 13 日 09:49—10:19 重庆雷达 0.5°仰角平均径向速度(第 1、3 行)和
1.45°仰角反射率因子(第 2、4 行)

(体扫模式:VCP21;显示范围同图 2.4.6,图中白色"＋"为安坪站位置)

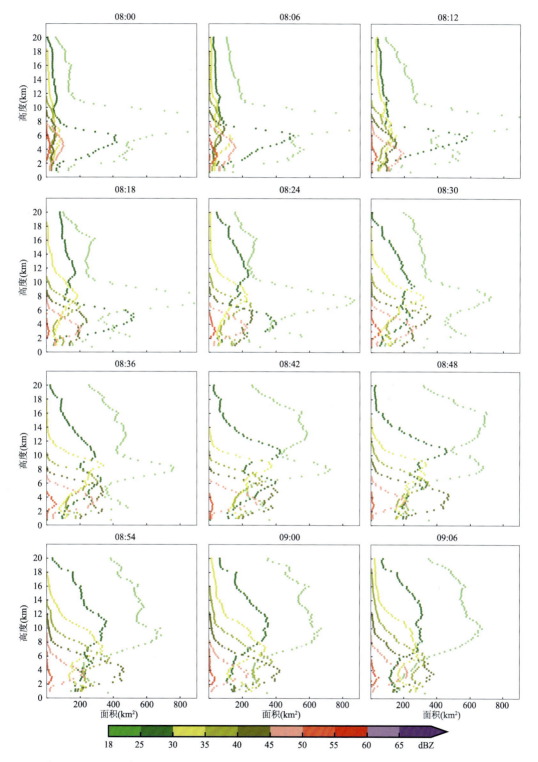

图 2.4.18　2014 年 9 月 13 日 08:00—09:06 以安坪站为中心 0.4°×0.4°范围内反射率因子
面积随高度分布

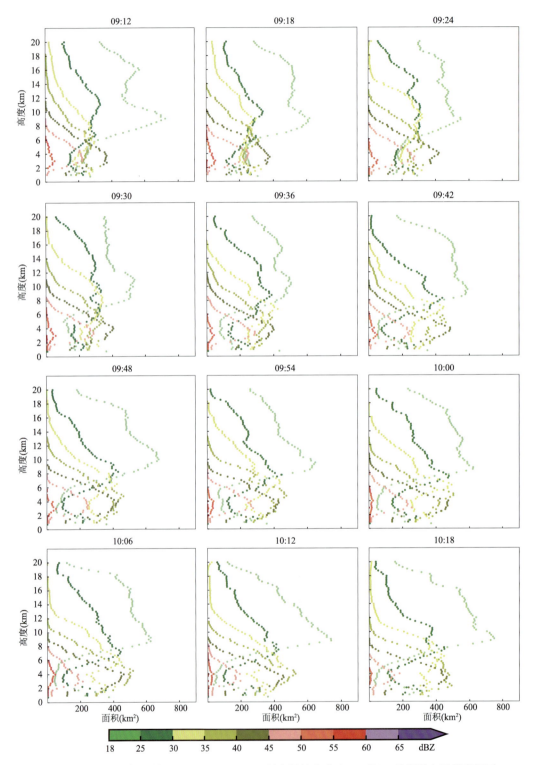

图 2.4.19　2014 年 9 月 13 日 09:12—10:18 以安坪站为中心 0.4°×0.4°范围内反射率因子
面积随高度分布

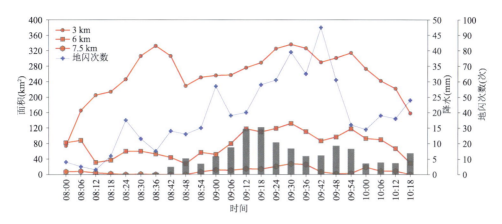

图 2.4.20　2014 年 9 月 13 日 08:00—10:18 以安坪站为中心 0.4°×0.4°范围内不同高度层(3 km、6 km 和 7.5 km)45 dBZ 反射率因子面积变化;相应时段以安坪站为中心、半径 20 km 范围内的地闪次数 (蓝色折线)和安坪站降水(柱图)

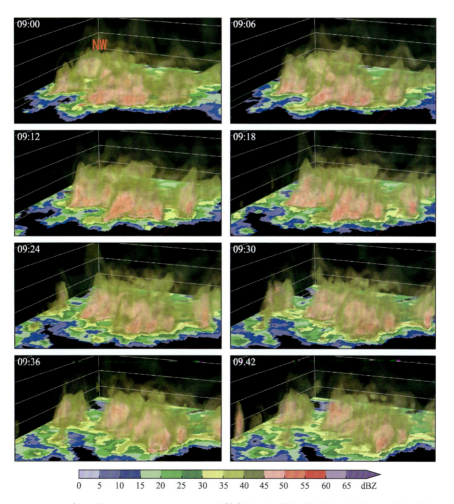

图 2.4.21　2014 年 9 月 13 日 09:00—09:42 反射率因子三维视图(安坪站位于红色实线交叉点)

2.5　2015年8月17日永川区花桥站短时强降水

实况:2015年8月17日04:00和05:00,重庆永川区花桥站发生短时强降水,小时雨量分别达106.3 mm和52.4 mm。

主要影响系统:500 hPa低槽及温度槽,850 hPa至700 hPa切变线及西南低涡,冷锋(图2.5.1—2.5.2)。

系统配置及演变:低空暖平流强迫类。8月16日20:00至19日08:00,500 hPa高空冷槽东移南下影响重庆,槽前有西南低涡生成并发展至500 hPa以上,冷锋逐渐南下,水汽充沛,在持续深厚低涡和冷锋的影响下形成短时强降雨天气(图2.5.1—2.5.2)。

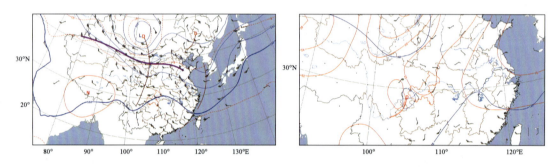

图2.5.1　2015年8月16日20时500 hPa(左)和850 hPa(右)天气形势

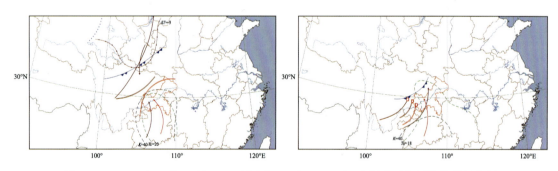

图2.5.2　2015年8月16日20:00(左)和17日08:00(右)中尺度天气环境条件场分析

探空资料分析:从沙坪坝、贵阳探空资料(图2.5.3)分析,8月16日20:00,重庆本地及周边地区的环境条件有利于重庆南部地区短时强降水的发生:1)850 hPa沙坪坝、贵阳上空的比湿分别达到18 g·kg^{-1}和19 g·kg^{-1},对流层中低层水汽极其充沛;2)沙坪坝、贵阳CAPE分别为220 J·kg^{-1}、2523 J·kg^{-1},K指数分别为43 ℃和41 ℃,在西南气流作用下,上游地区的不稳定能量持续向重庆南部输送;3)沙坪坝0 ℃层高度5.5 km、抬升凝结高度(LCL)992 m、0—6 km垂直风切变6.7 m·s^{-1},深厚的暖层、低的抬升凝结高度和弱的垂直风切变环境条件有利于形成高效率的暖云降水。

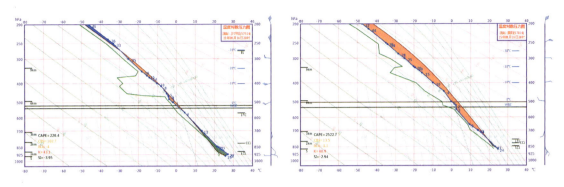

图 2.5.3　2015 年 8 月 16 日 20:00 沙坪坝(左)和贵阳(右)T-$\ln p$ 图

卫星云图和地闪演变分析:强降水持续期间,花桥站附近的强风暴云团稳定少动,花桥站西南有对流云新生发展并与花桥站附近的云团合并,花桥站位于云顶亮温梯度大值区(图 2.5.4—2.5.5),花桥站附近也是云团合并的位置,花桥站及周边(图 2.5.5 中绿色虚线框内)主要位于云顶亮温低于−52 ℃的区域。03:00 前,花桥站附近地闪较少(图 2.5.6)。03:00—05:00,花桥站附近地闪较为密集(图 2.5.7—2.5.9)。

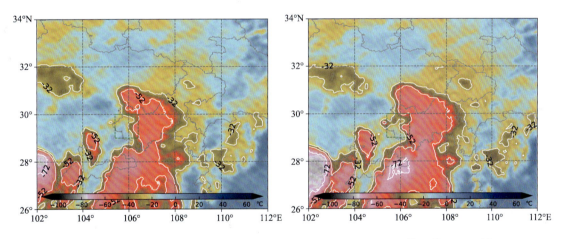

图 2.5.4　2015 年 8 月 17 日 02:45(左)和 03:15(右)FY-2E 卫星红外通道 TBB 云图
(图中绿色虚线框为图 2.5.6 显示的范围)

天气雷达回波演变分析:花桥站相对于永川雷达方位角 7°,距离 31 km;相对于重庆雷达方位角 270°,距离 60 km。从永川雷达平均径向速度(图 2.5.13)可见,花桥站附近低层径向速度较小,而同时次的重庆雷达 1.45°仰角平均径向速度图(图 2.5.15,03:14,重庆雷达 1.45°仰角在花桥站上空的扫描高度为 2.2 km)上可以看出花桥站低层有辐合存在。从回波演变和降水情况(图 2.5.10—2.5.21)可以看出:02:31 开始,花桥站以西有回波新生发展并向偏东方向移动,与此同时,花桥站以北也形成一条东西向的带状回波;03:08—03:57,西面的回波到达花桥站后与带状回波系统合并,合并后的强回波系统缓慢向偏东方向移动,造成极端强降水。

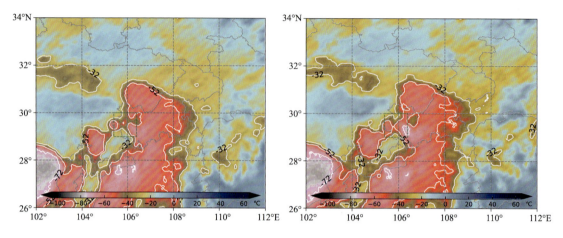

图 2.5.5　2015 年 8 月 17 日 03:45(左)和 04:15(右)FY-2E 卫星红外通道 TBB 云图

花桥站附近回波发展高度较高,45 dBZ 回波最高达到了 10 km 左右(图 2.5.18,03:36)。从图 2.5.18—2.5.19 可见,大范围稳定维持的 40~50 dBZ 的回波系统可能是造成极端降水的原因。

　　临近预报关注点:卫星红外云图上,强风暴云团稳定维持,云团西侧有新生对流系统与其合并。云顶亮温较低,表明强降水云团发展高度较高。合并后的强降水云团移动极为缓慢,40~50 dBZ 范围大且稳定维持。由于湿层深厚,降水效率高,容易造成极端强降水。

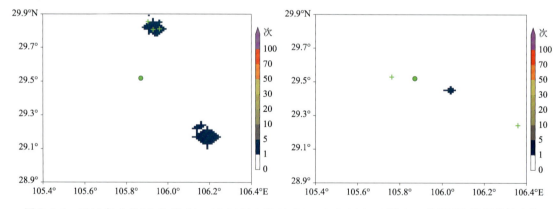

图 2.5.6　2015 年 8 月 17 日 01:30—02:00(左)和 02:00—02:30(右)0.01°×0.01°ADTD 地闪累计次数
(统计半径:格点周围 5 km 范围;图中绿色"＋"为正闪,绿色实心圆为花桥站位置)

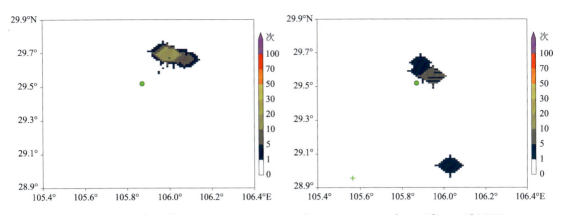

图 2.5.7　2015 年 8 月 17 日 02:30—03:00(左)和 03:00—03:30(右)0.01°×0.01°ADTD
地闪累计次数

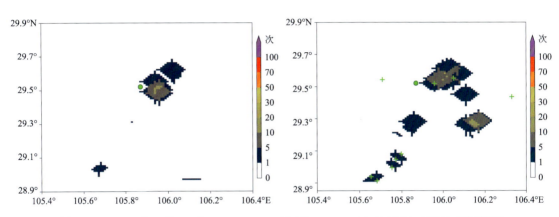

图 2.5.8　2015 年 8 月 17 日 03:30—04:00(左)和 04:00—04:30(右)0.01°×0.01°ADTD
地闪累计次数

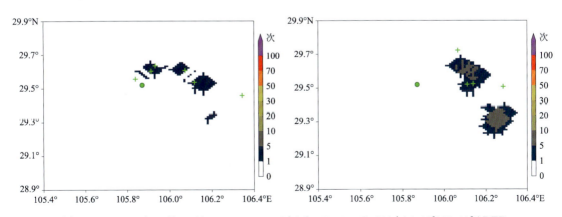

图 2.5.9　2015 年 8 月 17 日 04:30—05:00(左)和 05:00—05:30(右)0.01°×0.01°ADTD
地闪累计次数

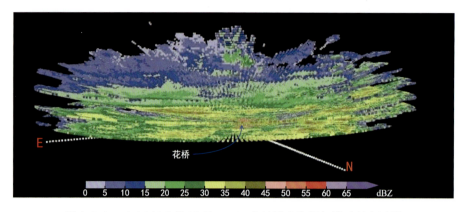

图 2.5.10　2015 年 8 月 17 日 03:14 永川雷达体积扫描反射率因子
（体扫模式:VCP21;花桥站相对于永川雷达方位角 7°,距离 31 km）

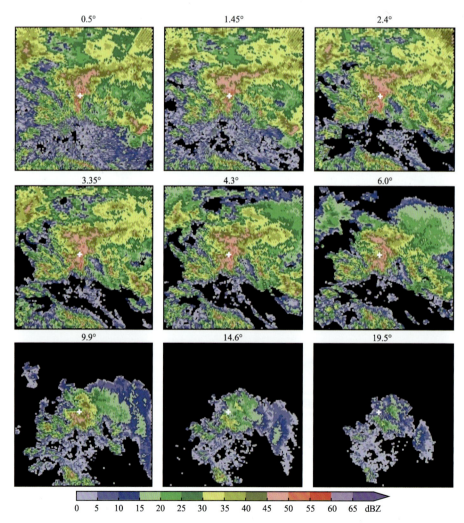

图 2.5.11　2015 年 8 月 17 日 03:14 永川雷达不同仰角反射率因子
（体扫模式:VCP21;显示范围同图 2.5.6,图中白色"+"为花桥站位置）

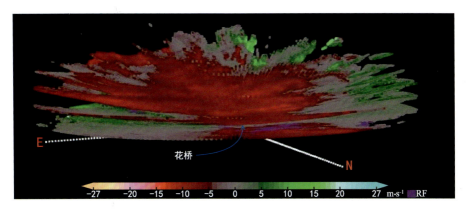

图 2.5.12　2015 年 8 月 17 日 03:14 永川雷达体积扫描平均径向速度
（体扫模式:VCP21;花桥站相对于永川雷达方位角 7°,距离 31 km）

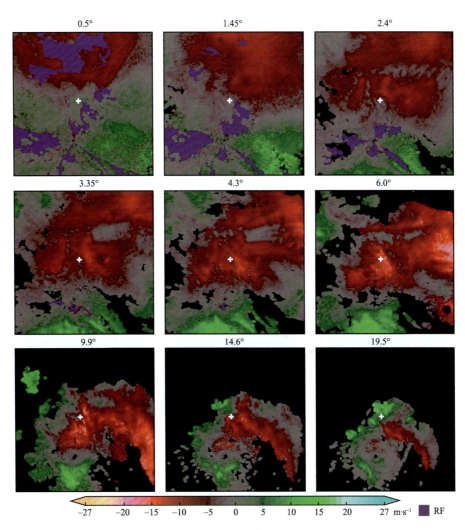

图 2.5.13　2015 年 8 月 17 日 03:14 永川雷达不同仰角平均径向速度
（体扫模式:VCP21;显示范围同图 2.5.6,图中白色"＋"为花桥站位置）

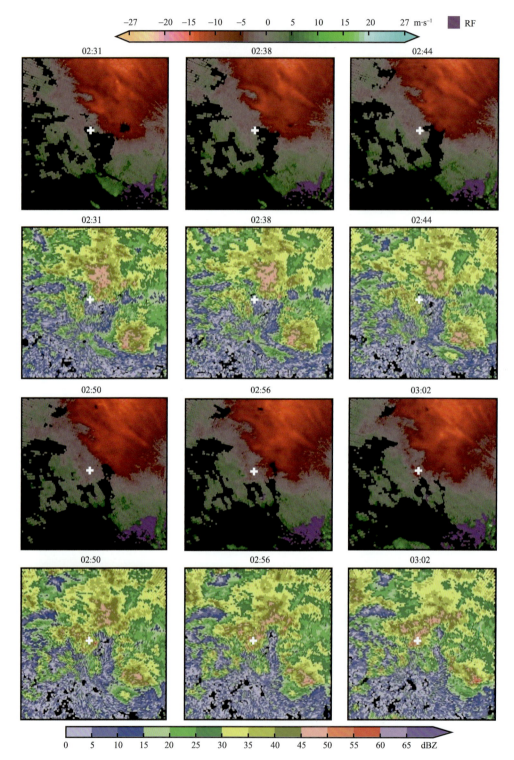

图 2.5.14 2015 年 8 月 17 日 02:31—03:02 重庆雷达 1.45°仰角平均径向速度(第 1、3 行)和
永川雷达 0.5°仰角反射率因子(第 2、4 行)

(体扫模式:VCP21;显示范围同图 2.5.6,图中白色"+"为花桥站位置)

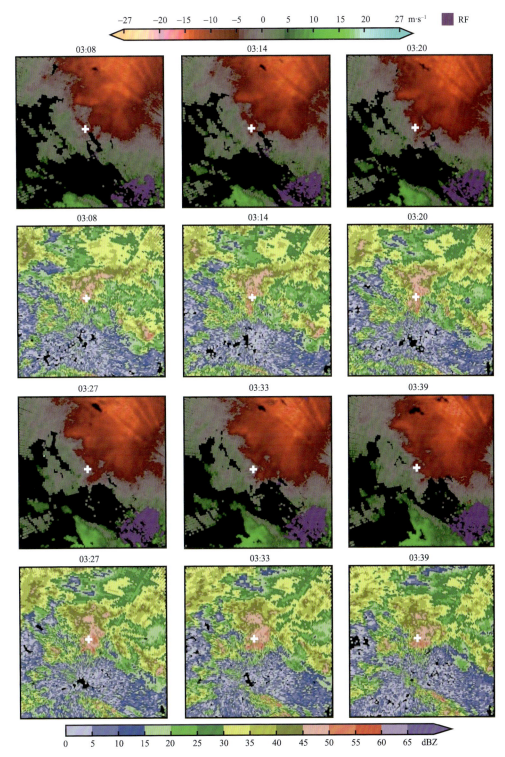

图 2.5.15　2015 年 8 月 17 日 03：08—03：39 重庆雷达 1.45°仰角平均径向速度(第 1、3 行)和
永川雷达 0.5°仰角反射率因子(第 2、4 行)

(体扫模式：VCP21；显示范围同图 2.5.6，图中白色"＋"为花桥站位置)

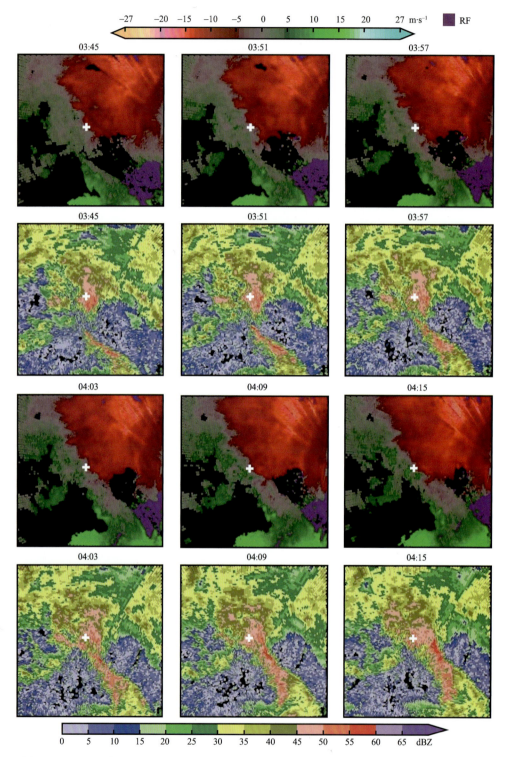

图 2.5.16　2015 年 8 月 17 日 03:45—04:15 重庆雷达 1.45°仰角平均径向速度(第 1、3 行)和
永川雷达 0.5°仰角反射率因子(第 2、4 行)

(体扫模式:VCP21;显示范围同图 2.5.6,图中白色"＋"为花桥站位置)

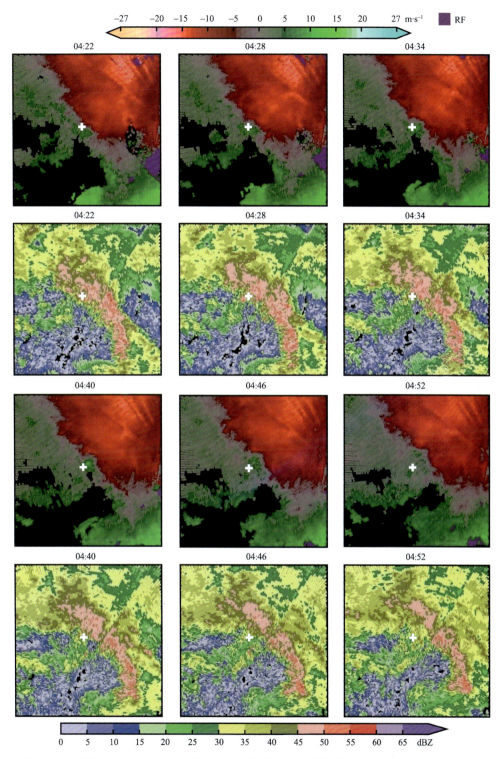

图 2.5.17　2015 年 8 月 17 日 04:22—04:52 重庆雷达 1.45°仰角平均径向速度(第 1、3 行)和
永川雷达 0.5°仰角反射率因子(第 2、4 行)

(体扫模式:VCP21;显示范围同图 2.5.6,图中白色"＋"为花桥站位置)

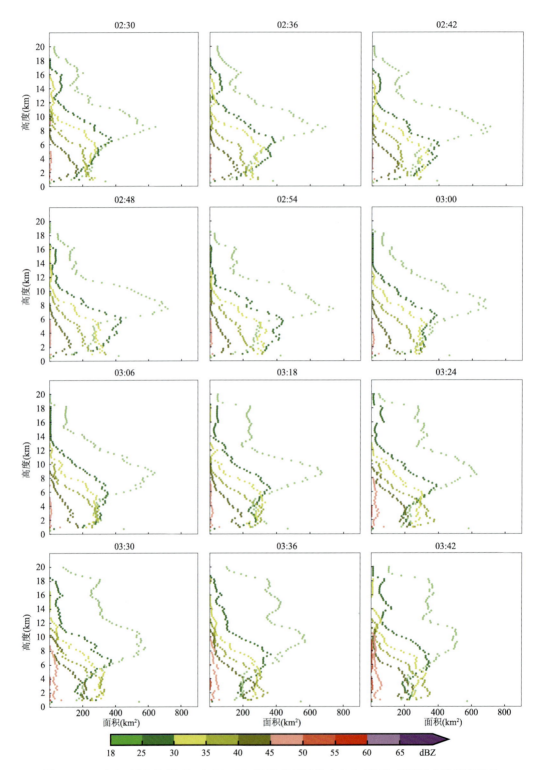

图 2.5.18　2015 年 8 月 17 日 02:30—03:42 以花桥站为中心 0.4°×0.4°范围内反射率因子
面积随高度分布

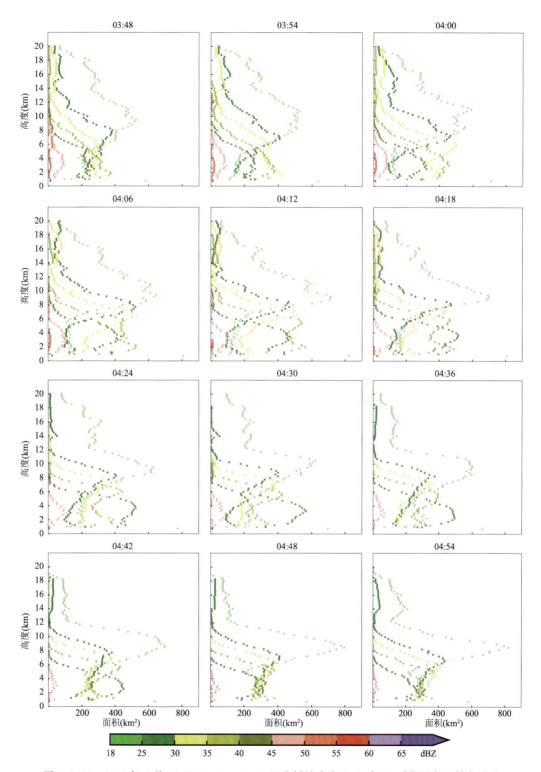

图 2.5.19　2015 年 8 月 17 日 03:48—04:54 以花桥站为中心 0.4°×0.4°范围内反射率因子
面积随高度分布

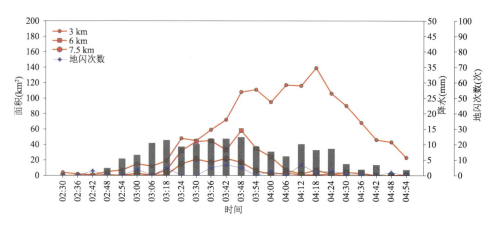

图 2.5.20　2015 年 8 月 17 日 02:30—04:54 以花桥站为中心 0.4°×0.4°范围内不同高度层(3 km、6 km 和 7.5 km)45 dBZ 反射率因子面积变化(缺 03:12 拼图资料,对应的 6 min 降水为 13.0 mm);相应时段以花桥站为中心、半径 20 km 范围内的地闪次数(蓝色折线)和花桥站降水(柱图)

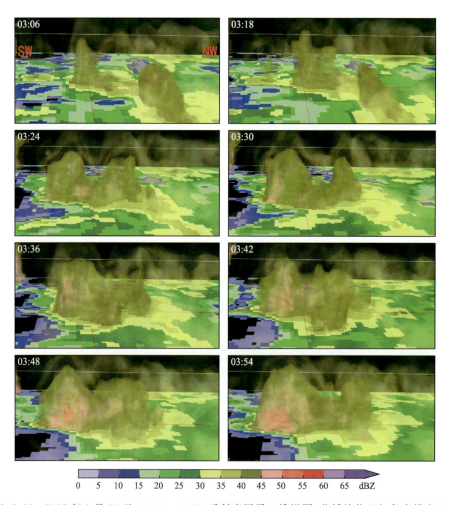

图 2.5.21　2015 年 8 月 16 日 03:06—03:54 反射率因子三维视图(花桥站位于红色实线交叉点)

2.6 2016 年 6 月 2 日南川区大有站短时强降水

实况：2016 年 6 月 2 日 06：00 和 07：00，重庆南川区大有站发生短时强降水，小时雨量分别达 160.1 mm 和 87.3 mm。

主要影响系统：500 hPa 低槽及温度槽，850 hPa 至 700 hPa 切变线及低涡，850 hPa 至 700 hPa 温度脊，低空急流，地面冷锋（图 2.6.1—2.6.2）。

系统配置及演变：斜压锋生类。6 月 1 日 20：00 至 2 日 08：00，高空冷槽东移，槽前重庆地区受低空低涡及切变线影响，低空盛行偏南暖湿气流，大气层结极为暖湿不稳定，华中地区有冷空气回流影响重庆地区，在上述系统的共同影响下出现强对流天气（图 2.6.1—2.6.2）。

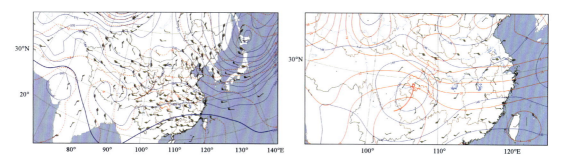

图 2.6.1 2016 年 6 月 1 日 20：00 500 hPa（左）和 850 hPa（右）天气形势

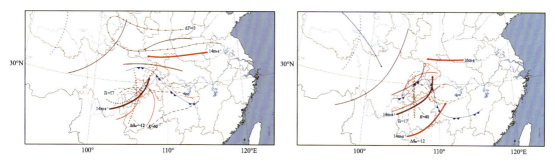

图 2.6.2 2016 年 6 月 1 日 20：00（左）和 2 日 08：00（右）中尺度天气环境条件场分析

探空资料分析：从沙坪坝、贵阳探空资料（图 2.6.3）分析，6 月 1 日 20：00 重庆本地及周边地区的环境条件有利于重庆南部地区短时强降水的发生：1）850 hPa 沙坪坝、贵阳上空的比湿分别达到 14 g·kg^{-1} 和 15 g·kg^{-1}，对流层中低层有很好的水汽条件；2）沙坪坝、贵阳 CAPE 分别为 929 J·kg^{-1}、2095 J·kg^{-1}，沙坪坝从近地面到 500 hPa 下降了 15 ℃（图略），条件不稳定特征明显；3）重庆上空垂直风切变较大，沙坪坝站从近地面的偏东北风顺时针旋转到 700 hPa 的西南风，0—3 km 和 0—6 km 垂直风切变分别达到 13 m·s^{-1} 和 16 m·s^{-1}；4）沙坪坝上空有较深厚的暖层，0 ℃层高度达到 6.0 km，有利于高效暖云降水的产生。

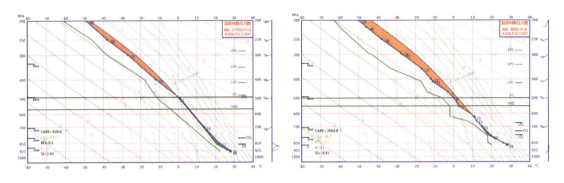

图 2.6.3　2016 年 6 月 1 日 20:00 沙坪坝(左)和贵阳(右)T-ln$p$ 图

卫星云图和地闪演变分析:强降水发生在强对流风暴的云顶亮温梯度大值区(图 2.6.4—2.6.5),大有站上空云顶亮温一直稳定在 -52 ℃到 -72 ℃。强地闪中心也与云顶亮温梯度大值区对应(图 2.6.6—2.6.9),强地闪从零散分布发展到明显的东北—西南向带状分布。大有站附近是一个强地闪中心,表明对流旺盛。04:30—05:00,大有站以西的闪电密度陡增(图 2.6.7)。大有站附近的 6 min 闪电次数(图 2.6.20)在 04:54 达到 47 次,由于强风暴自西向东移动,24 min 后大有站 6 min 累计雨量达 23.7 mm,36 min 后 6 min 累计雨量达 49.5 mm(注:分钟雨量的记录用两位数,雨量计 1 min 记录值上限为 9.9 mm)。

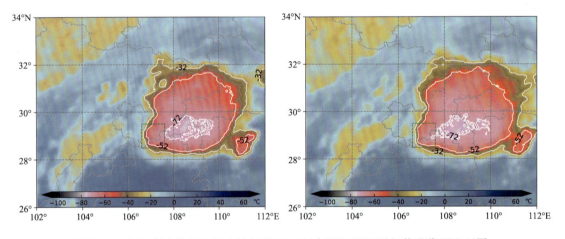

图 2.6.4　2016 年 6 月 2 日 04:15(左)和 04:45(右)FY-2E 卫星红外通道 TBB 云图
(图中绿色虚线框为图 2.6.6 显示的范围)

天气雷达回波演变分析:大有站相对于重庆雷达方位角 126°,距离 100 km。重庆雷达东南面存在部分遮挡,可能导致 0.5°仰角探测的反射率因子偏低(图 2.6.11)。05:29 前后是降水最强时刻(图 2.6.20),最明显的特征是在平均径向速度图上存在 γ 中尺度涡旋(图2.6.13),大有站位于中尺度涡旋中心附近。该中尺度涡旋从 04:48 持续到 05:35(图2.6.14—2.6.15)。另外,06:18 左右也有一个降水峰值(图 2.6.20),同样对应一个从 05:58持续到 06:27 的 γ 中尺度涡旋(图 2.6.16—2.6.17)。从雷达回波演变(图 2.6.10—2.6.17)

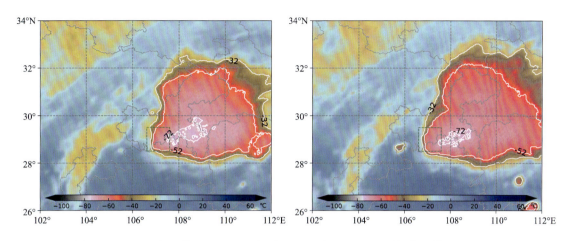

图 2.6.5　2016 年 6 月 2 日 05:15(左)和 06:15(右)FY-2E 卫星红外通道 TBB 云图

和图 2.6.21 可见,回波整体呈东北—西南向的带状分布,向偏东方向移动,但移动缓慢,γ 中尺度涡旋可能是导致回波带及其中的强风暴移动缓慢的原因。强降水前,大有站附近 45 dBZ回波高达 10 km(图 2.6.18),但强降水发生前,3 km 以上强反射率回波面积迅速减小(图2.6.18—2.6.19)。

临近预报关注点:卫星红外云图上,大有站位于红外亮温梯度大值区,强降水发生前闪电密度陡增,风暴移动缓慢并伴列车效应,雷达平均径向速度图上有中涡旋特征,3 km 以上强反射率因子面积迅速减小。

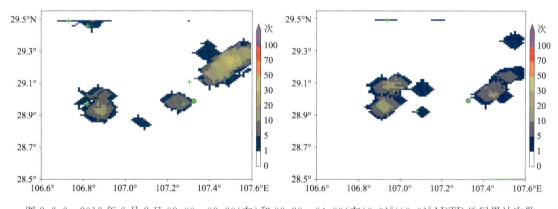

图 2.6.6　2016 年 6 月 2 日 03:00—03:30(左)和 03:30—04:00(右)0.01°×0.01°ADTD 地闪累计次数
(统计半径:格点周围 5 km 范围;图中绿色"+"为正闪,绿色实心圆为大有站位置)

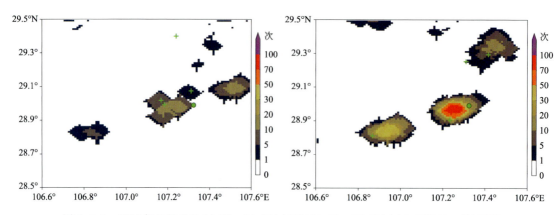

图 2.6.7　2016 年 6 月 2 日 04:00—04:30(左)和 04:30—05:00(右)0.01°×0.01°ADTD
地闪累计次数

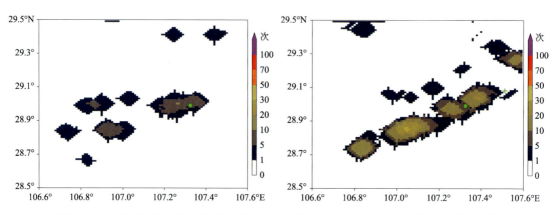

图 2.6.8　2016 年 6 月 2 日 05:00—05:30(左)和 05:30—06:00(右)0.01°×0.01°ADTD
地闪累计次数

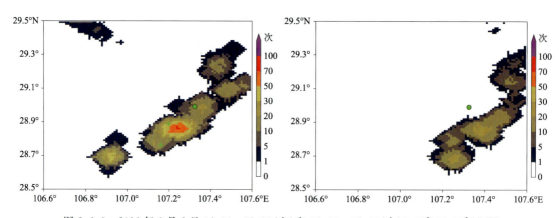

图 2.6.9　2016 年 6 月 2 日 06:00—06:30(左)和 06:30—07:00(右)0.01°×0.01°ADTD
地闪累计次数

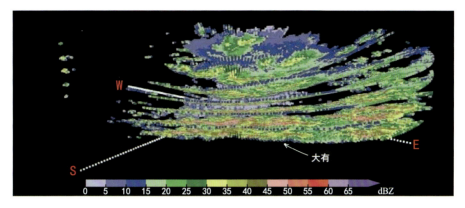

图 2.6.10　2016 年 6 月 2 日 05:29 重庆雷达体积扫描反射率因子
（体扫模式:VCP21;南川区大有站相对于重庆雷达方位角 126°,距离 100 km）

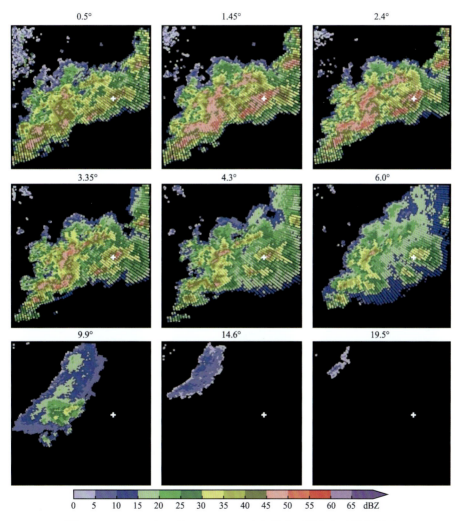

图 2.6.11　2016 年 6 月 2 日 05:29 重庆雷达不同仰角反射率因子
（体扫模式:VCP21;显示范围同图 2.6.6,图中白色"＋"为大有站位置）

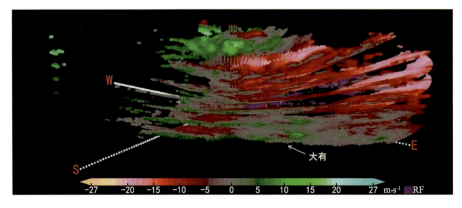

图 2.6.12　2016 年 6 月 2 日 05:29 重庆雷达体积扫描平均径向速度
（体扫模式：VCP21；南川区大有站相对于重庆雷达方位角 126°，距离 100 km）

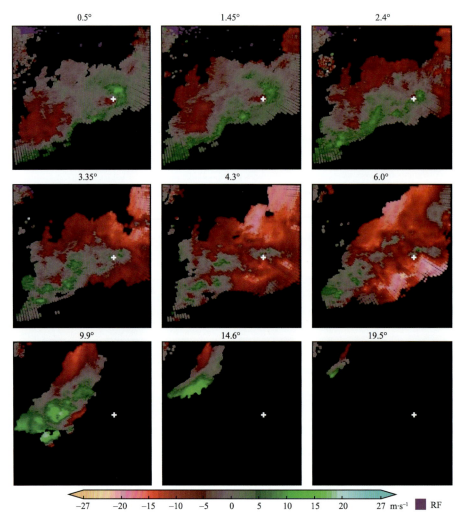

图 2.6.13　2016 年 6 月 2 日 05:29 重庆雷达不同仰角平均径向速度
（体扫模式：VCP21；显示范围同图 2.6.6，图中白色"＋"为大有站位置）

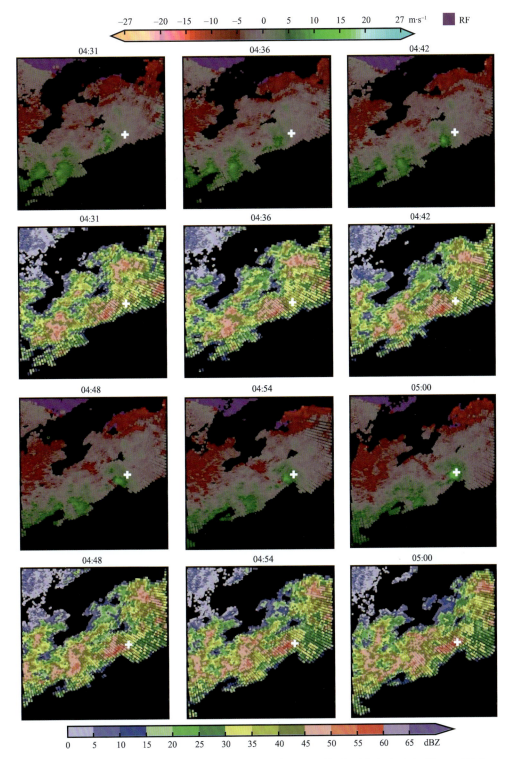

图 2.6.14 2016 年 6 月 2 日 04:31—05:00 重庆雷达 1.45°仰角平均径向速度(第 1、3 行)和
反射率因子(第 2、4 行)

(体扫模式:VCP21;显示范围同图 2.6.6,图中白色"+"为大有站位置)

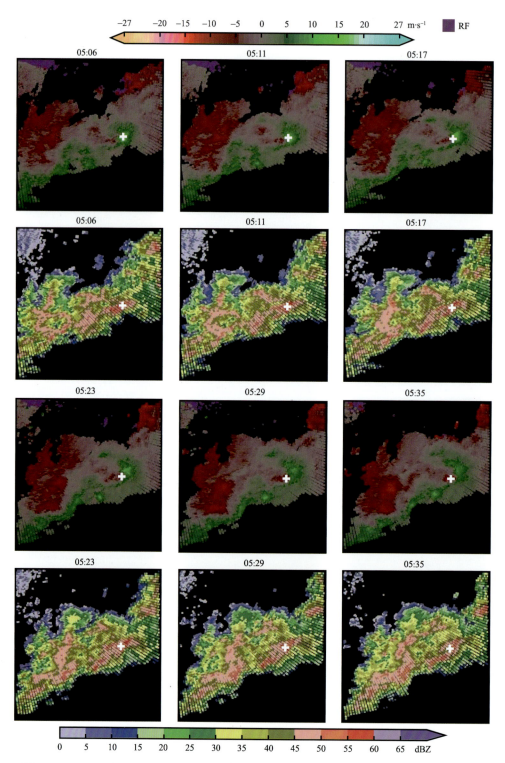

图 2.6.15　2016 年 6 月 2 日 05:06—05:35 重庆雷达 1.45°仰角平均径向速度(第 1、3 行)和
反射率因子(第 2、4 行)

(体扫模式:VCP21;显示范围同图 2.6.6,图中白色"＋"为大有站位置)

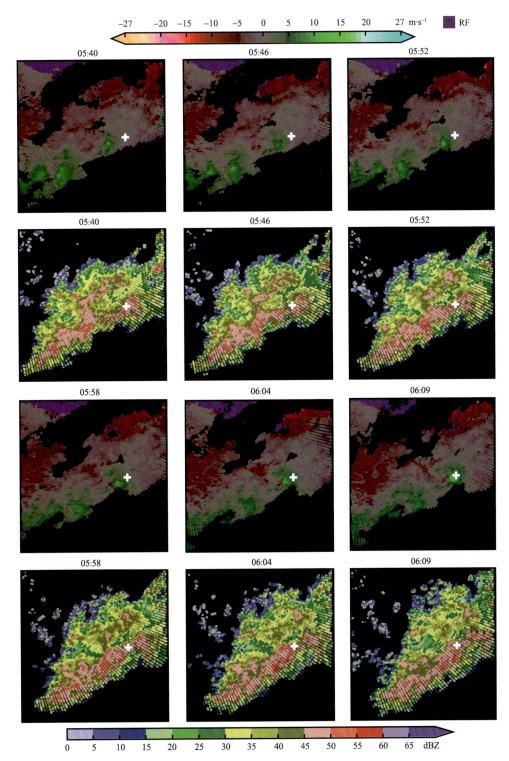

图 2.6.16　2016 年 6 月 2 日 05:40—06:09 重庆雷达 1.45°仰角平均径向速度(第 1、3 行)和
反射率因子(第 2、4 行)

(体扫模式:VCP21;显示范围同图 2.6.6,图中白色"＋"为大有站位置)

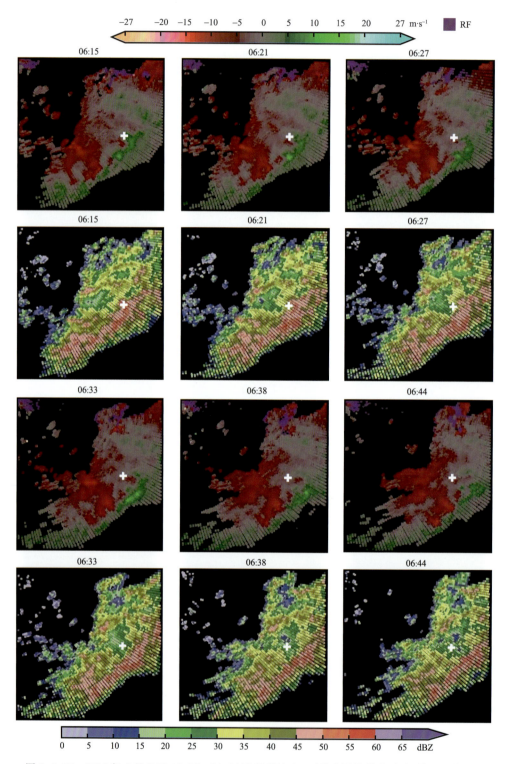

图 2.6.17　2016 年 6 月 2 日 06:15—06:44 重庆雷达 1.45°仰角平均径向速度(第 1、3 行)和
反射率因子(第 2、4 行)

(体扫模式:VCP21;显示范围同图 2.6.6,图中白色"+"为大有站位置)

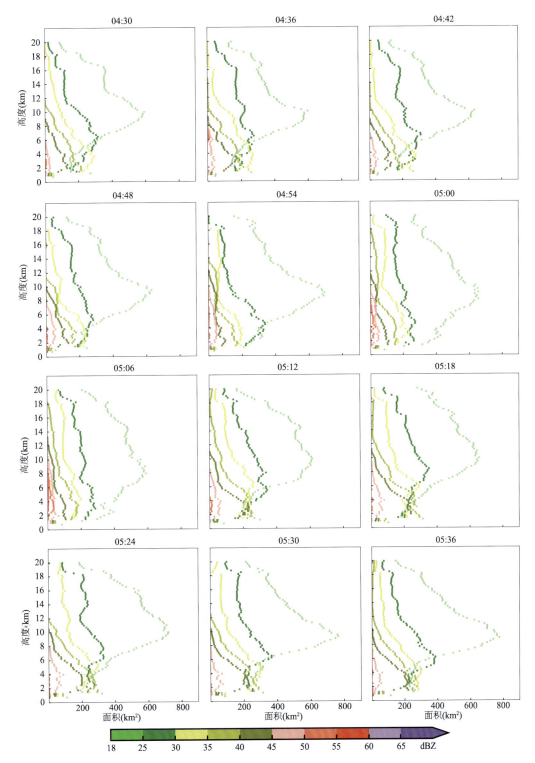

图 2.6.18　2016 年 6 月 2 日 04:30—05:36 以大有站为中心 0.4°×0.4°范围内反射率因子
面积随高度分布

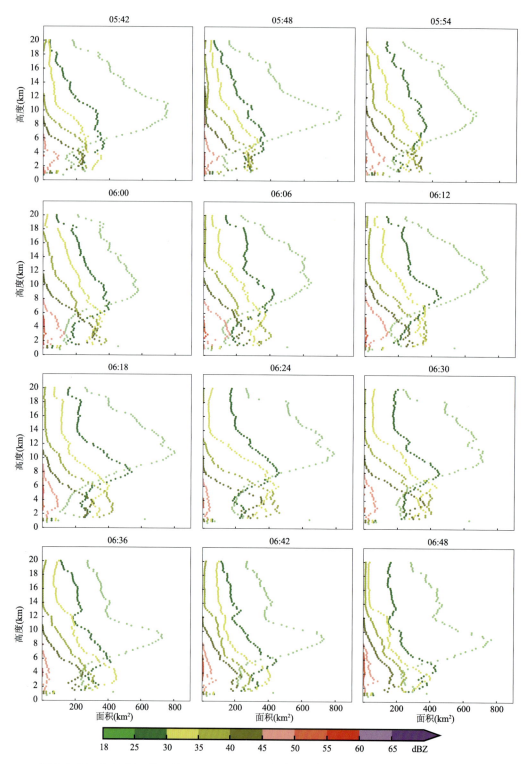

图 2.6.19　2016 年 6 月 2 日 05:42—06:48 以大有站为中心 0.4°×0.4°范围内反射率因子
面积随高度分布

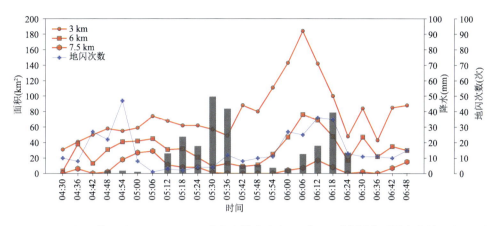

图 2.6.20 2016 年 6 月 2 日 04:30—06:48 以大有站为中心 0.4°×0.4°范围内不同高度层(3 km,6 km 和 7.5 km)45 dBZ 反射率因子面积变化;相应时段以大有站为中心、半径 20 km 范围内的地闪次数 (蓝色折线)和大有站降水(柱图)

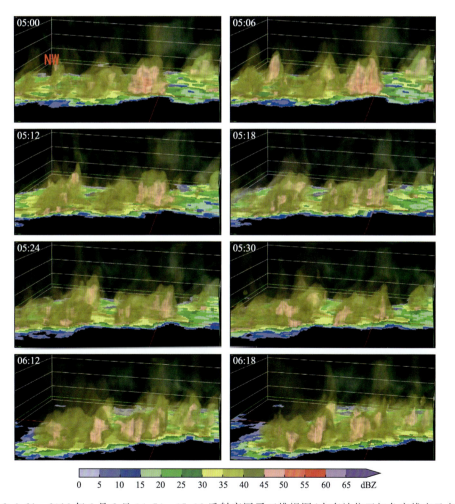

图 2.6.21 2016 年 6 月 2 日 04:54—05:36 反射率因子三维视图(大有站位于红色实线交叉点)

2.7　2016年7月18日荣昌区双河大石站短时强降水

实况：2016年7月18日21:00和22:00,重庆荣昌区双河大石站发生短时强降水,小时雨量分别达144.5 mm和32.1 mm,23:00的3 h累计雨量达193.1 mm(23:00小时雨量为16.5 mm)。

主要影响系统：500 hPa低槽,700 hPa切变线,850 hPa低涡,850 hPa至700 hPa温度脊,低空急流(图2.7.1—2.7.2)。

系统配置及演变：低空暖平流强迫类。7月18日08:00,500 hPa高空低槽和700 hPa切变线位于四川盆地西部,前侧为具有气旋式曲率的偏南气流,四川盆地内暖湿不稳定特征显著,午后渝西地区出现短时强降水;18日20:00之后,高空低槽及切变线东移,中低层有西南低涡生成,在上述系统的共同影响下重庆地区出现大范围的短时强降雨天气(图2.7.1—2.7.2)。

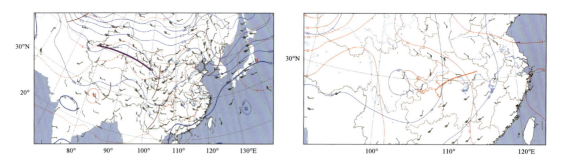

图2.7.1　2016年7月18日08:00 500 hPa(左)和850 hPa(右)天气形势

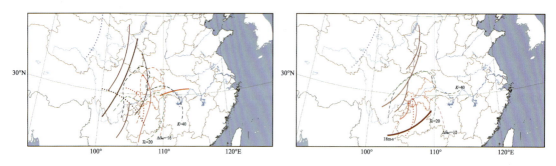

图2.7.2　2016年7月18日08:00(左)和20:00(右)中尺度天气环境条件场分析

探空资料分析：从沙坪坝探空资料(图2.7.3)分析,7月18日08:00、20:00重庆本地的环境条件有利于重庆西部地区短时强降水的发生:1)水汽充沛,850 hPa沙坪坝上空的比湿在08:00和20:00分别达到16 g·kg⁻¹和17 g·kg⁻¹,20:00从近地面到300 hPa水汽接近饱和,湿层深厚;2)对流不稳定显著增长,08:00 沙坪坝 CAPE 和 K 指数分别为 576 J·kg^{-1}和 41 ℃,到了 20:00 CAPE 达到 1113 J·kg^{-1},K 指数增长到 45 ℃;3)20:00 沙坪坝 0 ℃层高度 5.6 km、抬升凝结高度(LCL)793m、0—6 km 垂直风切变 4.5 m·s^{-1},深厚的暖层、低的抬升凝结高度和弱的垂直风切变环境条件有利于形成高效的暖云降水。

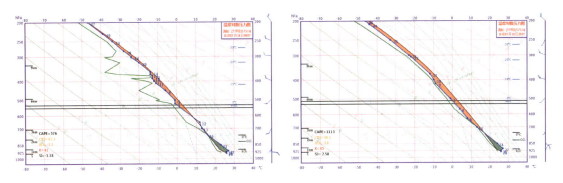

图 2.7.3　2016 年 7 月 18 日 08:00(左)和 20:00(右)沙坪坝 T-ln$p$ 图

卫星云图和地闪演变分析:强降水持续期间,双河大石站附近的强风暴云团稳定少动,西北侧的云顶亮温梯度大值区向西北方向扩展,双河大石站位于云顶亮温梯度大值区,双河大石站及周边(图 2.7.4—2.7.5 中绿色虚线框内)主要位于云顶亮温低于−72 ℃的区域。双河大石站附近一直有较密集的地闪(图 2.7.6—2.7.9),20:30—21:00,双河大石站为地闪密度最大值中心。

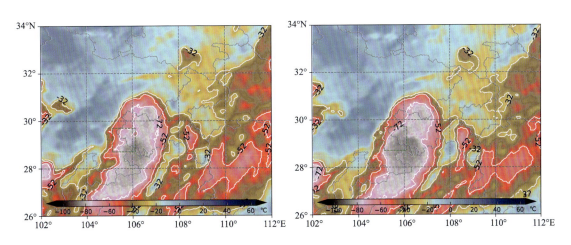

图 2.7.4　2016 年 7 月 18 日 19:45(左)和 20:15(右)FY-2E 卫星红外通道 TBB 云图
(图中绿色虚线框为图 2.7.6 显示的范围)

天气雷达回波演变分析:双河大石站相对于永川雷达方位角 281°,距离 28 km。从回波演变和降水情况(图 2.7.10—2.7.21)可以看出:双河大石站附近低层(永川雷达 2.4°仰角在双河大石站上空的扫描高度为 1.9 km)北侧气流的径向分量为偏东方向,南侧气流的径向分量为偏西方向,表明双河大石站上空低层有尺度 50 km 左右的中尺度涡旋存在,在反射率因子

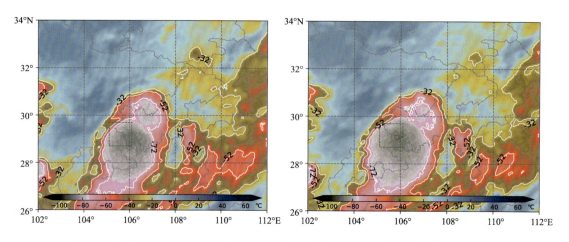

图 2.7.5　2016 年 7 月 18 日 20:45(左)和 21:15(右)FY-2E 卫星红外通道 TBB 云图

上表现为不同方向的回波均向双河大石站附近移动并发展加强,20:36 雷达回波对应的 6 min 降水在 22 mm 以上(图 2.7.20)。双河大石站附近回波虽然发展高度较高,但呈现出低质心特征,45 dBZ 回波最高达到 8 km 左右(图 2.7.18,20:18 和 20:24),强降水持续期间 45 dBZ 回波一般达到 6 km 左右高度,50 dBZ 回波面积较小、出现时次较少且质心很低(图 2.7.18—2.7.19)。从图 2.7.18—2.7.21 可见,在此类低质心降水中,大范围稳定维持的 40~45 dBZ 的回波系统可能是造成极端降水的原因。

　　临近预报关注点:卫星红外云图上,强风暴云团稳定维持,亮温较低,表明强降水云团发展高度较高。双河大石站附近地闪密度大,维持时间长。强降水风暴具有低质心特征,40~45 dBZ 范围大且稳定维持。中尺度涡旋的存在可能造成回波向涡旋中心集中,合并后的强降水云团移动极为缓慢,配合高降水效率的低质心降水,可能造成极端强降水。

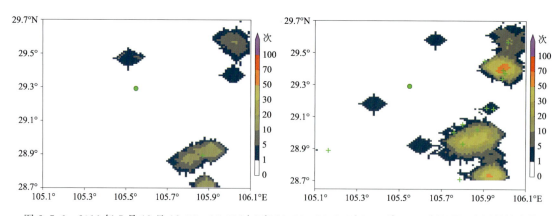

图 2.7.6　2016 年 7 月 18 日 18:30—19:00(左)和 19:00—19:30(右)0.01°×0.01°ADTD 地闪累计次数
(统计半径:格点周围 5 km 范围;图中绿色"+"为正闪,绿色实心圆为双河大石站位置)

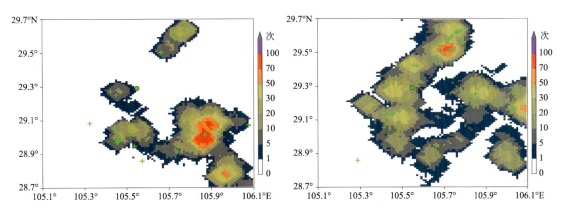

图 2.7.7　2016 年 7 月 18 日 19:30—20:00(左)和 20:00—20:30(右)0.01°×0.01°ADTD
地闪累计次数

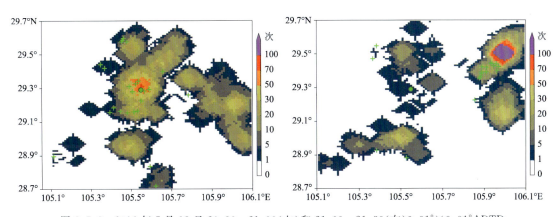

图 2.7.8　2016 年 7 月 18 日 20:30—21:00(左)和 21:00—21:30(右)0.01°×0.01°ADTD
地闪累计次数

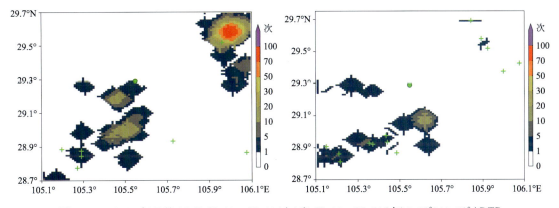

图 2.7.9　2016 年 7 月 18 日 21:30—22:00(左)和 22:00—22:30(右)0.01°×0.01°ADTD
地闪累计次数

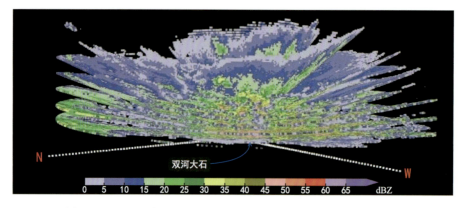

图 2.7.10　2016 年 7 月 18 日 20:36 永川雷达体积扫描反射率因子
（体扫模式:VCP21;荣昌区双河大石站相对于永川雷达方位角 281°,距离 28 km）

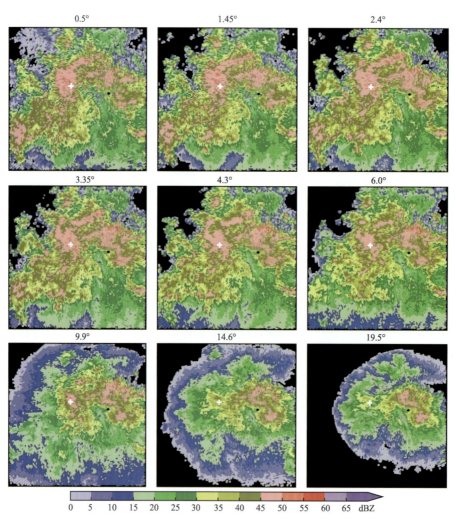

图 2.7.11　2016 年 7 月 18 日 20:36 永川雷达不同仰角反射率因子
（体扫模式:VCP21;显示范围同图 2.7.6,图中白色"＋"为双河大石站位置）

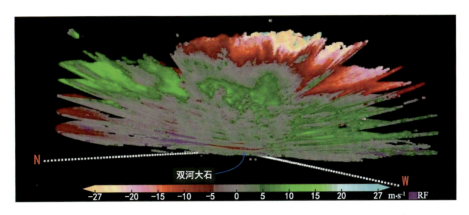

图 2.7.12　2016 年 7 月 18 日 20:36 永川雷达体积扫描平均径向速度
（体扫模式:VCP21;荣昌区双河大石站相对于永川雷达方位角 281°,距离 28 km）

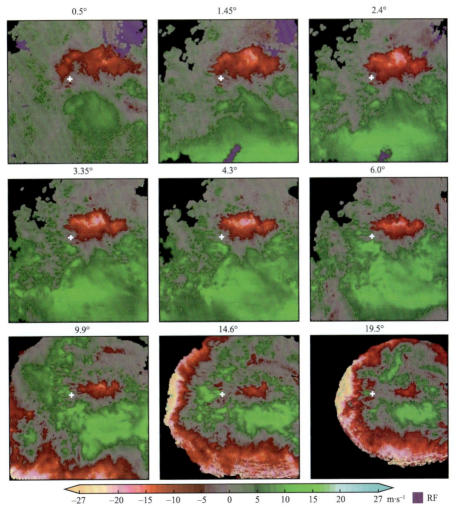

图 2.7.13　2016 年 7 月 18 日 20:36 永川雷达不同仰角平均径向速度
（体扫模式:VCP21;显示范围同图 2.7.6,图中白色"＋"为双河大石站位置）

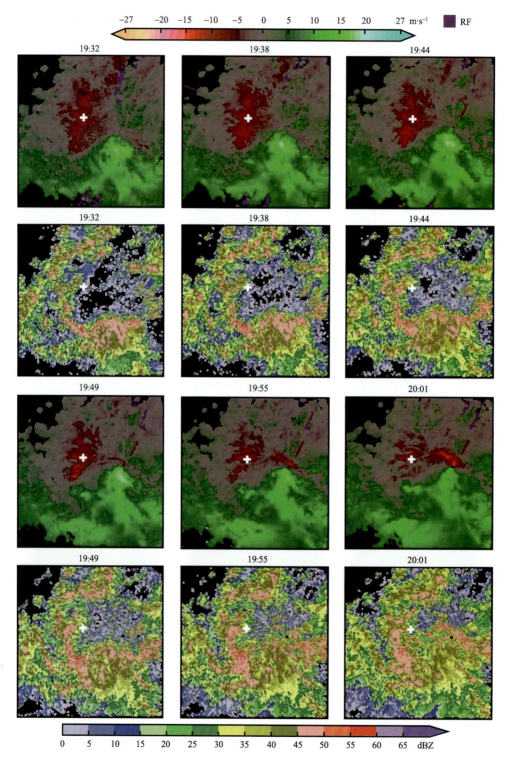

图 2.7.14 2016 年 7 月 18 日 19:32—20:01 永川雷达 2.4°仰角平均径向速度(第 1、3 行)和
0.5°仰角反射率因子(第 2、4 行)

(体扫模式:VCP21;显示范围同图 2.7.6,图中白色"+"为双河大石站位置)

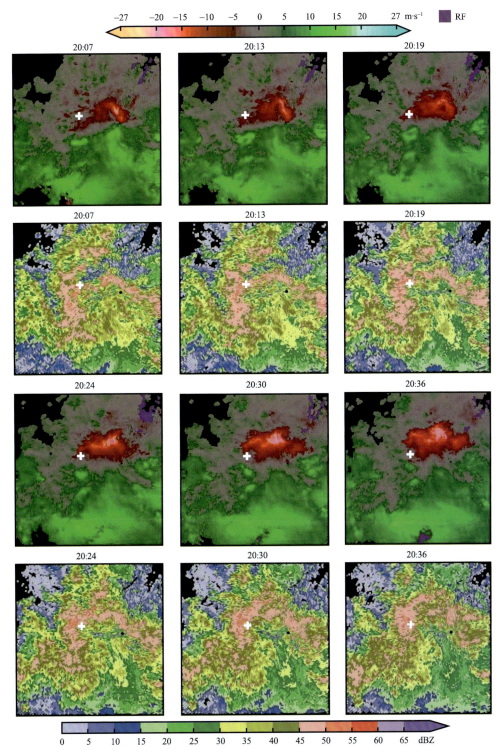

图 2.7.15　2016 年 7 月 18 日 20:07—20:36 永川雷达 2.4°仰角平均径向速度(第 1、3 行)和
0.5°仰角反射率因子(第 2、4 行)

(体扫模式:VCP21;显示范围同图 2.7.6,图中白色"+"为双河大石站位置)

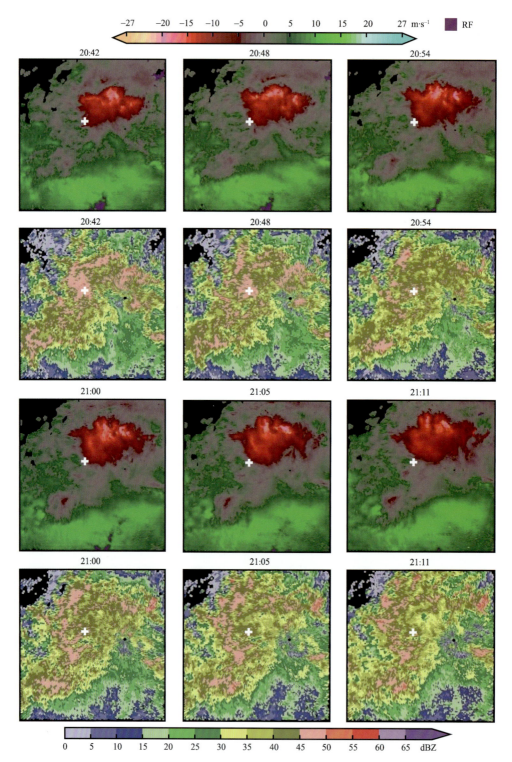

图 2.7.16　2016 年 7 月 18 日 20:42—21:11 永川雷达 2.4°仰角平均径向速度(第 1、3 行)和
0.5°仰角反射率因子(第 2、4 行)

(体扫模式:VCP21;显示范围同图 2.7.6,图中白色"＋"为双河大石站位置)

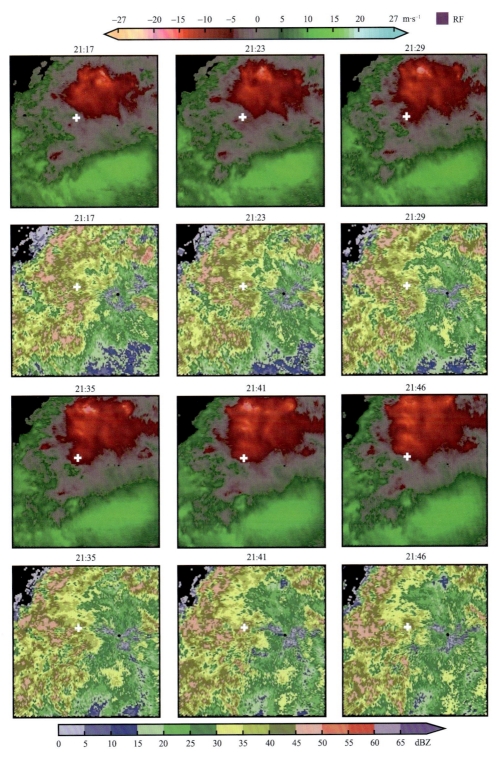

图 2.7.17　2016 年 7 月 18 日 21:17—21:46 永川雷达 2.4°仰角平均径向速度(第 1、3 行)和
0.5°仰角反射率因子(第 2、4 行)

(体扫模式:VCP21;显示范围同图 2.7.6,图中白色"+"为双河大石站位置)

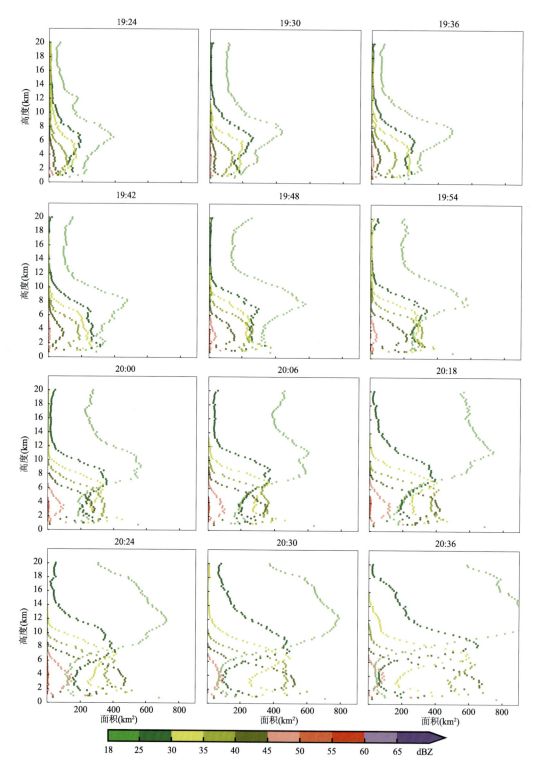

图 2.7.18 2016 年 7 月 18 日 19：24—20：36 以双河大石站为中心 0.4°×0.4°范围内反射率因子
面积随高度分布

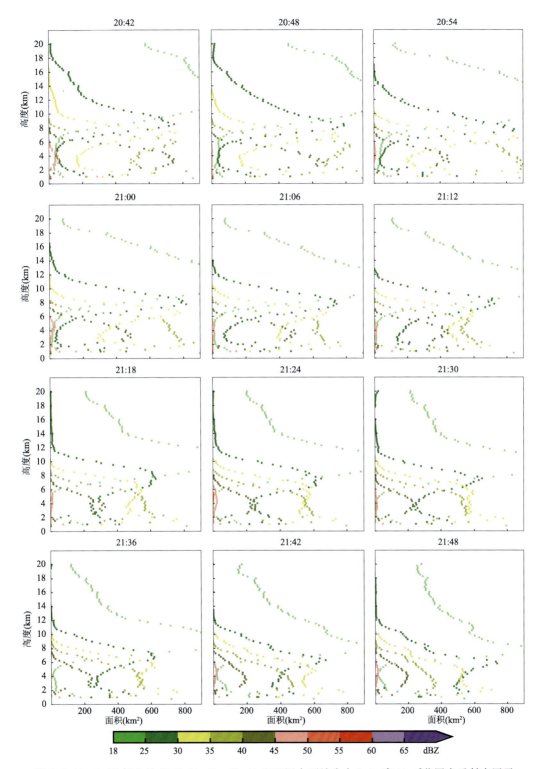

图 2.7.19　2016 年 7 月 18 日 20:42—21:48 以双河大石站为中心 0.4°×0.4°范围内反射率因子
面积随高度分布

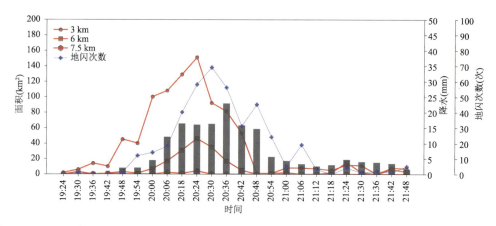

图 2.7.20　2016 年 7 月 18 日 19:24—21:48 以双河大石站为中心 0.4°×0.4°范围内不同高度层(3 km、6 km 和 7.5 km)45 dBZ 反射率因子面积变化(缺 20:12 拼图资料,对应 6 min 降水为 20.1 mm);相应时段以双河大石站为中心、半径 20 km 范围内的地闪次数(蓝色折线)和双河大石站降水(柱图)

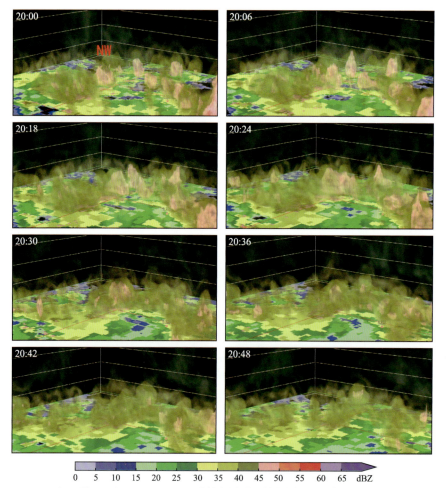

图 2.7.21　2016 年 7 月 18 日 20:00—20:48 反射率因子三维视图(双河大石站位于红色实线交叉点)

2.8　2017 年 6 月 9 日合川区大湾站短时强降水

实况：2017 年 6 月 9 日 04：00，重庆合川区大湾站小时降水达到 116.4 mm。合川区保合站 03：00 小时降水达 97.3 mm。保合站位于大湾站东北偏南，距离 20 km。

主要影响系统：500 hPa 低槽，低空切变线，低空急流，850 hPa 温度脊（图 2.8.1—2.8.2）。

系统配置及演变：低层暖平流强迫类。6 月 8 日 20：00 至 9 日 20：00，500 hPa 高原上空波动槽东移，槽前四川盆地上空 700 hPa 西南气流显著增强，925 hPa 至 850 hPa 弱切变线发展形成低涡并影响渝西地区，大气暖湿不稳定特征显著（图 2.8.1—2.8.2）。在高空低槽、低空低涡及切变线的影响下，位于 700 hPa 急流左侧的渝西地区出现短时强降雨天气。

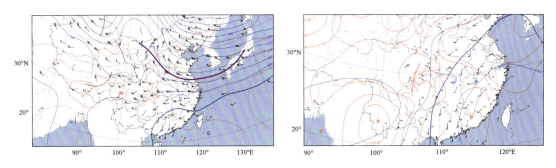

图 2.8.1　2017 年 6 月 8 日 20：00 500 hPa（左）和 850 hPa（右）天气形势

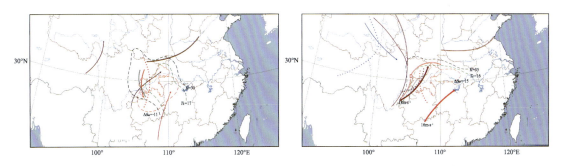

图 2.8.2　2017 年 6 月 8 日 20：00（左）和 9 日 08：00（右）中尺度天气环境条件场分析

探空资料分析：从沙坪坝、宜宾探空资料(图 2.8.3)分析，6 月 8 日 20:00 重庆本地及周边地区的环境条件有利于重庆西部地区短时强降水的发生：1)850 hPa 沙坪坝、宜宾上空的比湿分别达到 14 g·kg^{-1} 和 13 g·kg^{-1}，对流层中低层有很好的水汽条件；2)宜宾上空 BLI 为 -3.4 ℃、K 指数 38 ℃，表明上游地区有较强的对流不稳定，随着西南气流的增强，不稳定能量向重庆西部地区输送；3)重庆上空垂直风切变较大，沙坪坝站从近地面的偏东北风顺时针旋转到 700 hPa 的西南风，0—3 km 和 0—6 km 垂直风切变分别达到 14 m·s^{-1} 和 20 m·s^{-1}，有利于对流系统的组织与发展。

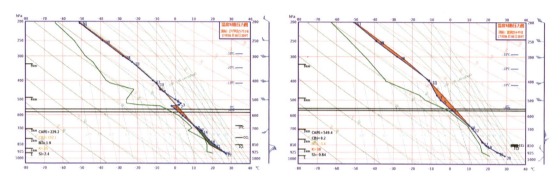

图 2.8.3 2017 年 6 月 8 日 20:00 沙坪坝(左)和宜宾(右)T-$\ln p$ 图

卫星云图和地闪演变分析：强降水持续期间，大湾站附近的强风暴云团稳定少动，大湾站位于云顶亮温低于 -52 ℃区域，大湾站附近也是亮温梯度大值区(图 2.8.4—2.8.5)。大湾站周边一直有地闪，但密度较小，随时间呈现出缓慢南压的趋势(图 2.8.6—2.8.9)。

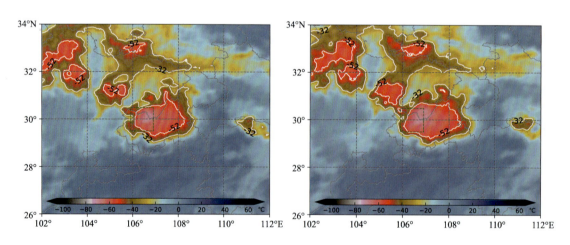

图 2.8.4 2017 年 6 月 9 日 02:15(左)和 02:45(右)FY-2E 卫星红外通道 TBB 云图
(图中绿色虚线框为图 2.8.6 显示的范围)

天气雷达回波演变分析：大湾站相对于重庆雷达方位角 333°，距离 48 km；保合站相对于重庆雷达方位角 357°，距离 52 km。从回波演变和降水情况可以看出(图 2.8.10—2.8.21)，测站附近低层有辐合线存在，大湾站的强降水主要由一个自西向东经过测站的强风暴造成，保

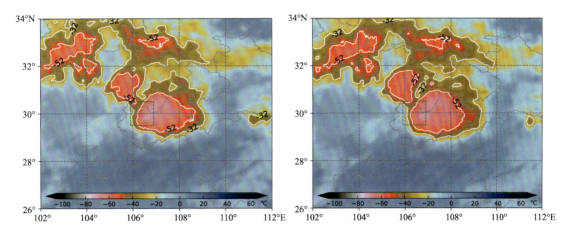

图 2.8.5　2017 年 6 月 9 日 03:15(左)和 03:45(右)FY-2E 卫星红外通道 TBB 云图

合站的强降水还与列车效应有关。大湾站附近回波呈现出低质心特征,45 dBZ 回波最高达到 7 km 左右(图 2.8.18,02:24),且多数时次只达到 6 km 左右。03:36 和 03:42,50 dBZ 回波发展到接近 6 km(图 2.8.19),从三维视图也可看出,强降水风暴正好在这两个时次前后经过大湾站(图 2.8.21)。由于大湾站和保合站缺分钟降水资料,图 2.8.20 显示的是大湾站以北 6 km 的合川站 6 min 降水。合川站 04:00 的小时雨量为 21.8 mm,远小于同时次大湾站 116.4 mm 的小时雨量,表明风暴边缘与风暴中心降水存在明显差别。

临近预报关注点:卫星红外云图上,强风暴云团稳定维持,云团的亮温低值区和亮温梯度大值区也稳定少动。强降水风暴具有低质心特征,地闪密度较小。需要关注低质心的强降水风暴中心经过的区域,即使历时较短,也可能造成极端强降水。

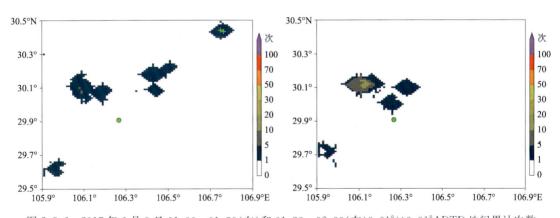

图 2.8.6　2017 年 6 月 9 日 01:00—01:30(左)和 01:30—02:00(右)0.01°×0.01°ADTD 地闪累计次数
(统计半径:格点周围 5 km 范围;图中绿色"+"为正闪,绿色实心圆为大湾站位置)

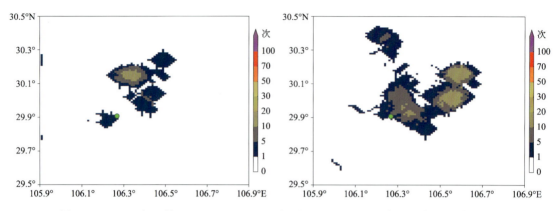

图 2.8.7　2017 年 6 月 9 日 02：00—02：30(左)和 02：30—03：00(右)0.01°×0.01°ADTD
地闪累计次数

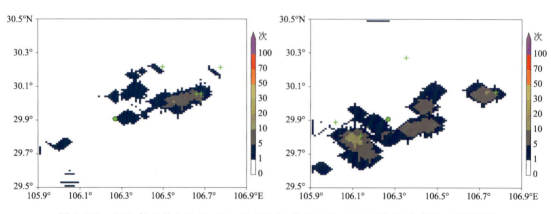

图 2.8.8　2017 年 6 月 9 日 03：00—03：30(左)和 03：30—04：00(右)0.01°×0.01°ADTD
地闪累计次数

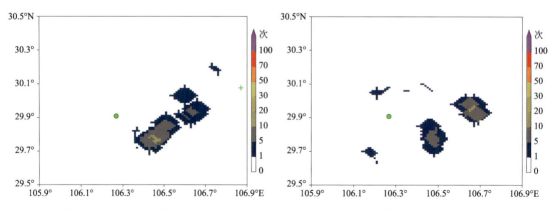

图 2.8.9　2017 年 6 月 9 日 04：00—04：30(左)和 04：30—05：00(右)0.01°×0.01°ADTD
地闪累计次数

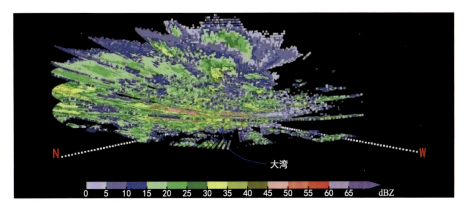

图 2.8.10　2017 年 6 月 9 日 03:20 重庆雷达体积扫描反射率因子
（体扫模式：VCP21；合川区大湾站相对于重庆雷达方位角 333°，距离 48 km）

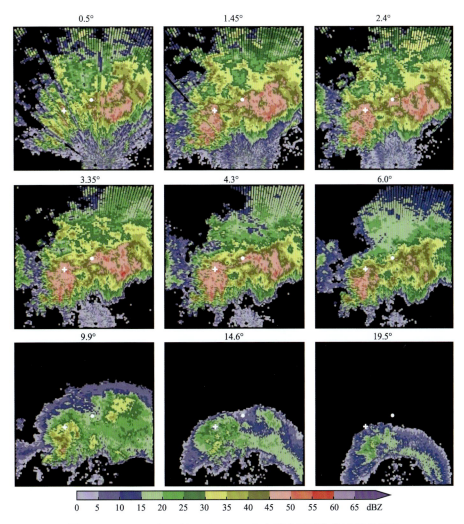

图 2.8.11　2017 年 6 月 9 日 03:20 重庆雷达不同仰角反射率因子
（体扫模式：VCP21；显示范围同图 2.8.6，图中白色"＋"和实心圆点分别为大湾站和保合站位置）

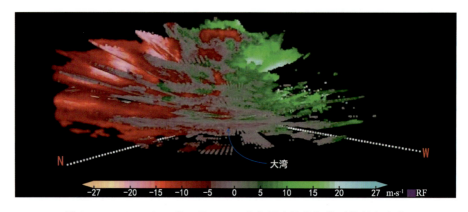

图 2.8.12　2017 年 6 月 9 日 03:20 重庆雷达体积扫描平均径向速度
（体扫模式:VCP21;合川区大湾站相对于重庆雷达方位角 333°,距离 48 km）

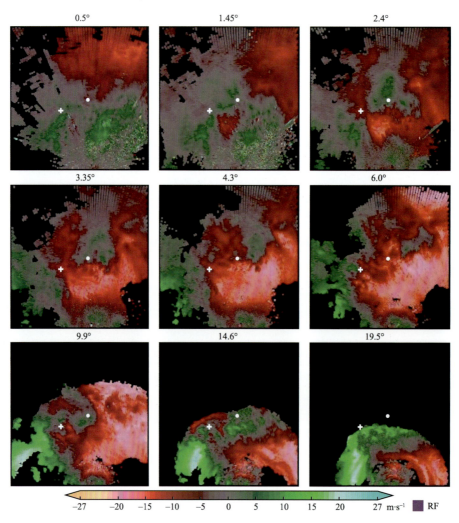

图 2.8.13　2017 年 6 月 9 日 03:20 重庆雷达不同仰角平均径向速度
（体扫模式:VCP21;显示范围同图 2.8.6,图中白色"＋"和实心圆点分别为大湾站和保合站位置）

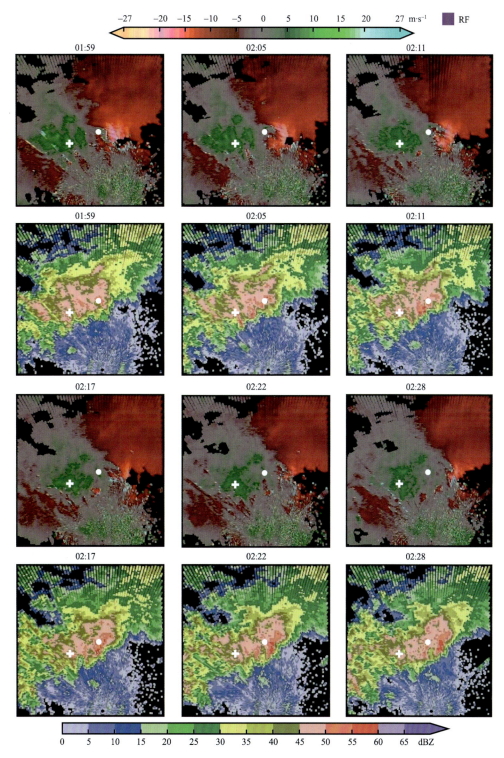

图 2.8.14　2017 年 6 月 9 日 01:59—02:28 重庆雷达 1.45°仰角平均径向速度(第 1、3 行)和
反射率因子(第 2、4 行)

(体扫模式:VCP21;显示范围同图 2.8.6,图中白色"+"和实心圆点分别为大湾站和保合站位置)

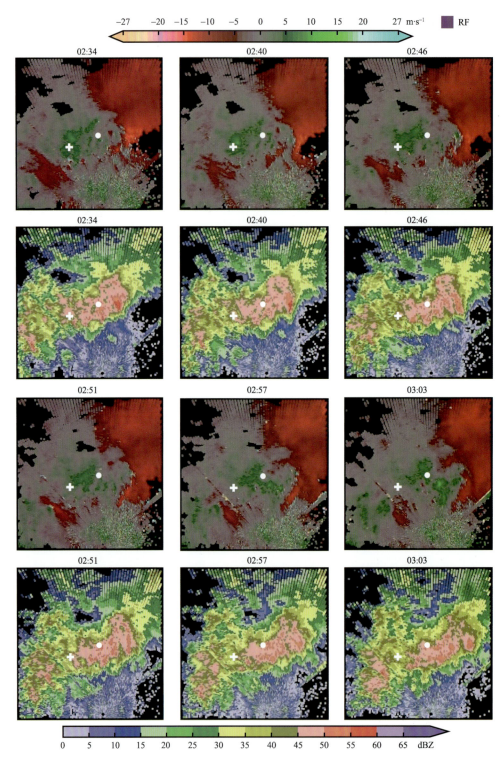

图 2.8.15 2017 年 6 月 9 日 02:34—03:03 重庆雷达 1.45°仰角平均径向速度(第 1、3 行)和
反射率因子(第 2、4 行)

(体扫模式:VCP21;显示范围同图 2.8.6,图中白色"+"和实心圆点分别为大湾站和保合站位置)

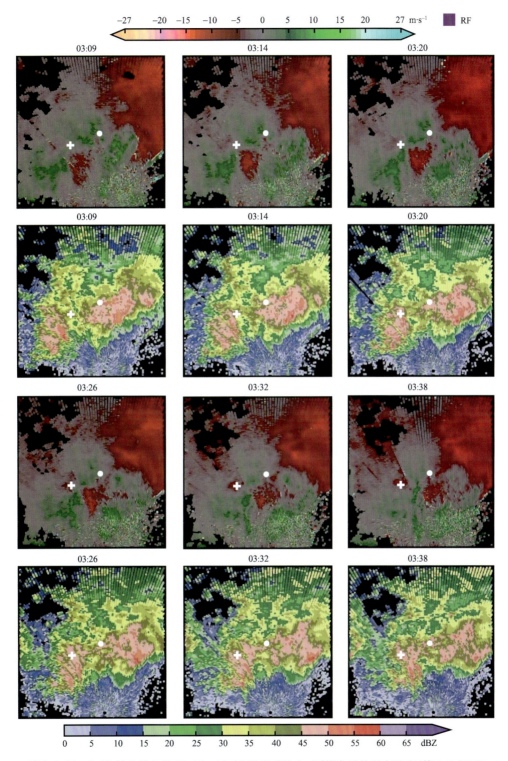

图 2.8.16　2017 年 6 月 9 日 03：09—03：38 重庆雷达 1.45°仰角平均径向速度（第 1、3 行）和
反射率因子（第 2、4 行）

（体扫模式：VCP21；显示范围同图 2.8.6，图中白色"＋"和实心圆点分别为大湾站和保合站位置）

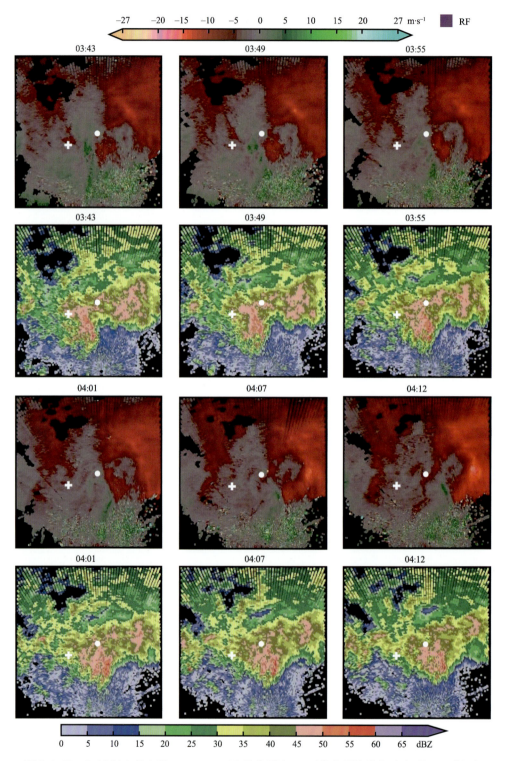

图 2.8.17 2017 年 6 月 9 日 03:43—04:12 重庆雷达 1.45°仰角平均径向速度(第 1、3 行)和
反射率因子(第 2、4 行)

(体扫模式:VCP21;显示范围同图 2.8.6,图中白色"+"和实心圆点分别为大湾站和保合站位置)

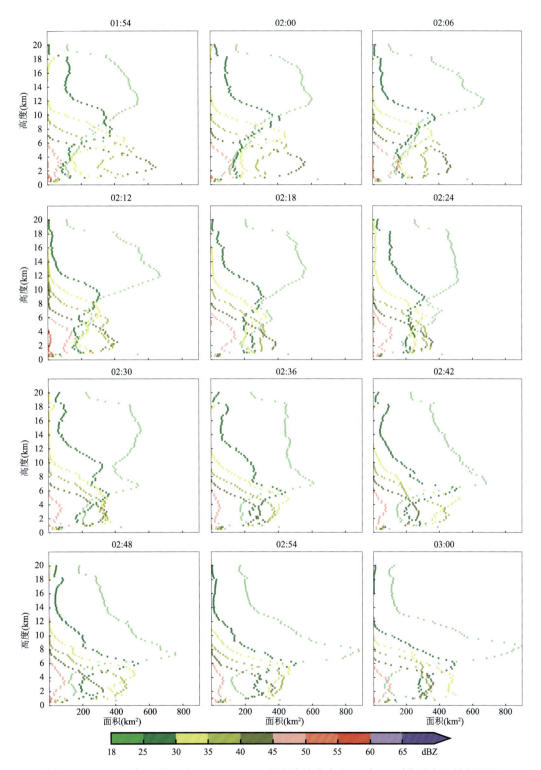

图 2.8.18　2017 年 6 月 9 日 01:54—03:00 以大湾站为中心 0.4°×0.4°范围内反射率因子
面积随高度分布

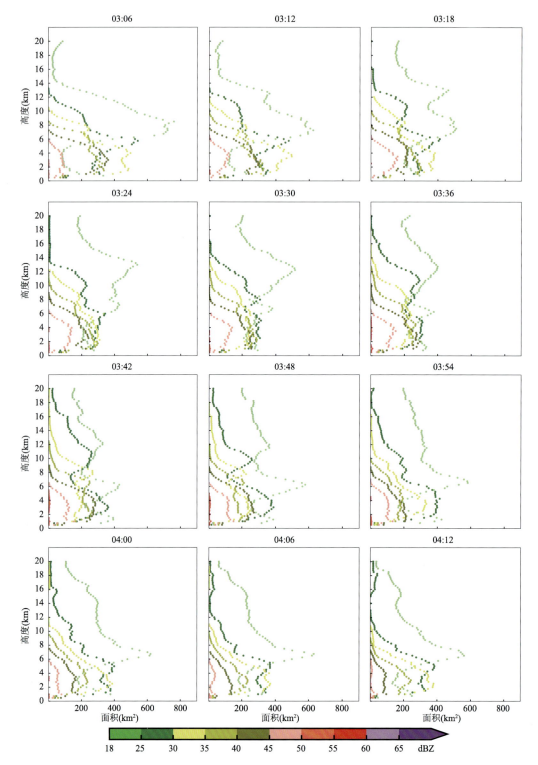

图 2.8.19　2017 年 6 月 9 日 03:06—04:12 以大湾站为中心 0.4°×0.4°范围内反射率因子
面积随高度分布

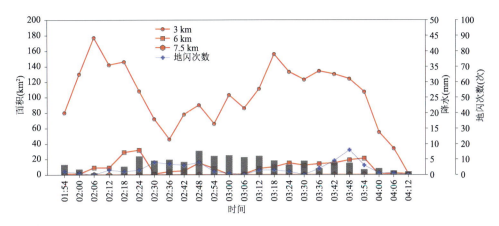

图 2.8.20　2017 年 6 月 9 日 01:54—04:12 以大湾站为中心 0.4°×0.4°范围内不同高度层(3 km、6 km 和 7.5 km)45 dBZ 反射率因子面积变化;相应时段以大湾站为中心、半径 20 km 范围内的地闪次数(蓝色折线)和合川站降水(柱图,合川站位于大湾站以北 6 km)

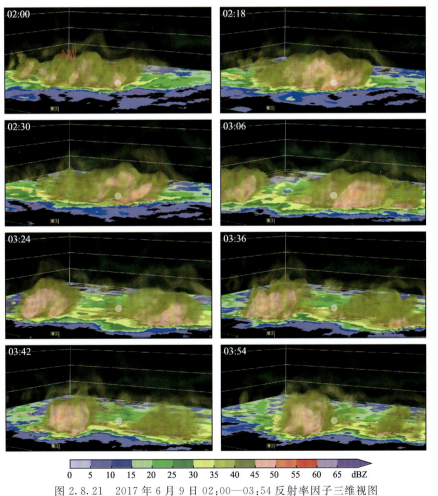

图 2.8.21　2017 年 6 月 9 日 02:00—03:54 反射率因子三维视图
(大湾站位于红色实线交叉点,白色实心圆为保合站位置)

2.9 2018年5月20日武隆区石桥站短时强降水

实况:2018年5月20日,重庆武隆区石桥站发生短时强降水,00:00、01:00、02:00 和 03:00 的小时雨量分别达 52.4 mm、59.0 mm、49.6 mm 和 27.2 mm。04:00 的 5 h 累计雨量达 206.2 mm(04:00 小时雨量为 18.0 mm)。

主要影响系统:500 hPa 低槽,850 hPa 及 925 hPa 切变线,850 hPa 至 700 hPa 温度脊(图 2.9.1—2.9.2)。

系统配置及演变:低层暖平流强迫类。5月19日20:00,青藏高原南部至孟加拉湾地区为印缅槽控制,槽前多波动移出影响四川盆地,盆地 700—500 hPa 以西南气流为主,重庆西部 850 hPa 有切变线,贵州北部 925 hPa 有切变线,850—700 hPa 温度脊位于贵州北部,贵州北部地区暖湿且不稳定(图 2.9.1—2.9.2)。19日 20:00 至 20日 08:00,在 925 hPa 和 850 hPa 切变线的影响下,雨团自贵州北部生成并向北移动,重庆地区出现短时强降水。

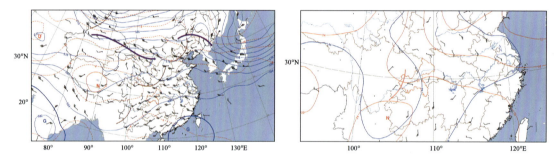

图 2.9.1 2018年5月19日 20:00 500 hPa(左)和 850 hPa(右)天气形势

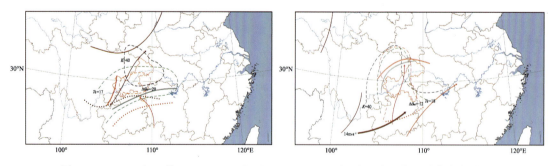

图 2.9.2 2018年5月19日 20:00(左)和 20日 08:00(右)中尺度天气环境条件场分析

探空资料分析:从沙坪坝、恩施探空资料(图 2.9.3)分析,5月19日 20:00 重庆本地及周边地区的环境条件有利于重庆地区短时强降水的发生:1)850 hPa 沙坪坝、恩施上空的比湿分别达 16 g·kg^{-1} 和 15 g·kg^{-1},对流层中低层有很好的水汽条件;2)热力不稳定明显,沙坪坝、恩施的 CAPE 分别高达 1890 J·kg^{-1}、2044 J·kg^{-1}，BLI 分别为−4.8 ℃ 和−4.5 ℃；3）自由对流高度和抬升凝结高度较低，沙坪坝自由对流高度为 861 m，抬升凝结高度为 1050 m；4）风向随高度升高顺时针旋转，沙坪坝 0—3 km、0—6 km 垂直风切变分别为 10 m·s^{-1} 和 10.5 m·s^{-1}。

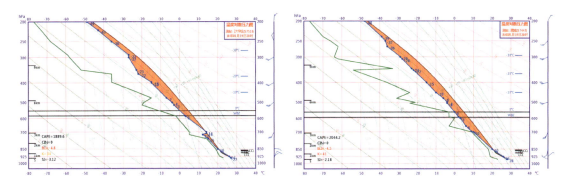

图 2.9.3　2018 年 5 月 19 日 20:00 沙坪坝(左)和恩施(右)$T\text{-}\ln p$ 图

卫星云图和地闪演变分析：强降水发生在东西向云带与东北—西南向云带的交汇处(图 2.9.4—2.9.5)，云团的合并导致强风暴云团发展，云顶亮温低于−52 ℃面积逐渐增大，地闪密度迅速增加(图 2.9.6—2.9.9)。在此期间，东西向云带上的云团迅速发展，东北—西南向云带上的云团强度有所减弱。由于不断有强降水风暴移过石桥站，降水随时间演变呈多峰型(图 2.9.20)，石桥站附近的地闪密度增大时，降水强度也往往增大，图 2.9.20 中最大 12 min 雨量为 18.0 mm(19 日 23:42)。

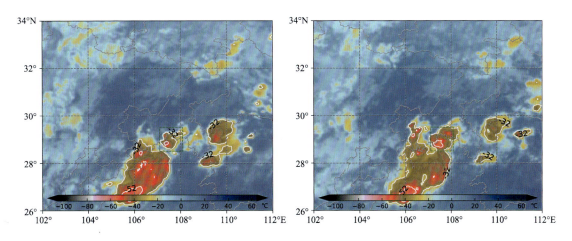

图 2.9.4　2018 年 5 月 19 日 23:15(左)和 20 日 00:34(右)FY-4A 卫星红外通道 TBB 云图
(图中绿色虚线框为图 2.9.6 显示的范围)

天气雷达回波演变分析：石桥站相对于重庆雷达方位角 106°，距离 135 km。从 1.45°仰角平均径向速度演变(图 2.9.14—2.9.17)可见，石桥站附近一直有辐合线维持，20 日 02:41 以后辐合线特征不再明显。在此期间(图 2.9.10—2.9.17)，23:39 以前，石桥站附近主要维持一

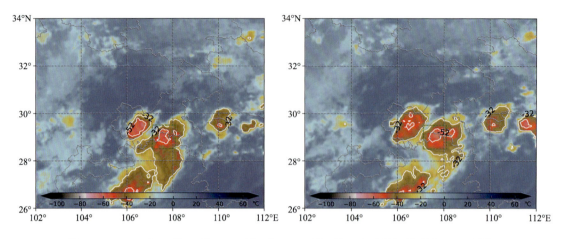

图 2.9.5　2018 年 5 月 20 日 01:34(左)和 02:34(右)FY-4A 卫星红外通道 TBB 云图

条东西向带状回波,但西南面有强回波稳定发展并逐渐与该带状回波相接;23:39 以后,西南面的降水回波不断移入东西向回波带,导致石桥站附近持续有强降水风暴发展(图 2.9.18—2.9.19,图 2.9.21)。02:30 后,西南面不再有回波移入,东西向回波带的强度也逐渐减弱。

　　临近预报关注点:卫星红外云图上,不同走向云带的交汇处有可能导致强风暴云团发展。地闪密度的增大也预示着风暴的发展,风暴移向的前方可能发生强降水。风暴移动缓慢并伴有列车效应。

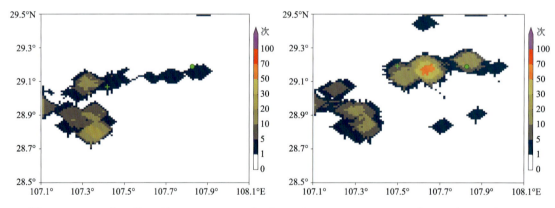

图 2.9.6　2018 年 5 月 19 日 23:00—23:30(左)和 19 日 23:30—20 日 00:00(右)0.01°×0.01°ADTD
地闪累计次数(统计半径:格点周围 5 km 范围;图中绿色"+"为正闪,绿色实心圆为石桥站位置)

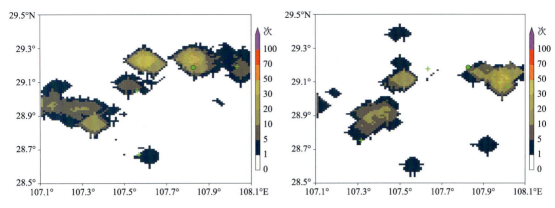

图 2.9.7　2018 年 5 月 20 日 00:00—00:30(左)和 00:30—01:00(右)0.01°×0.01°ADTD
地闪累计次数

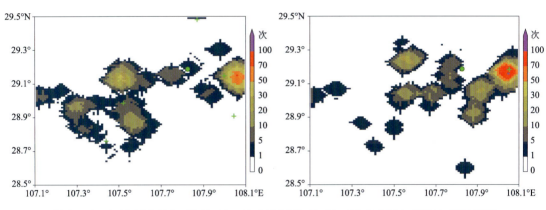

图 2.9.8　2018 年 5 月 20 日 01:00—01:30(左)和 01:30—02:00(右)0.01°×0.01°ADTD
地闪累计次数

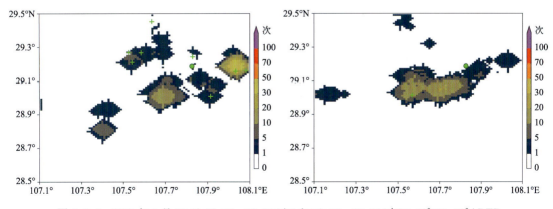

图 2.9.9　2018 年 5 月 20 日 02:00—02:30(左)和 02:30—03:00(右)0.01°×0.01°ADTD
地闪累计次数

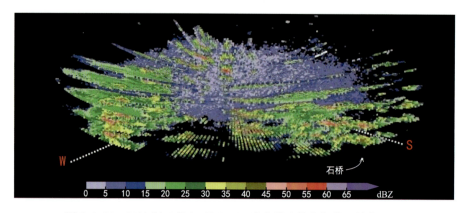

图 2.9.10　2018 年 5 月 19 日 23:28 重庆雷达体积扫描反射率因子
（体扫模式：VCP21；武隆区石桥站相对于重庆雷达方位角 106°，距离 135 km）

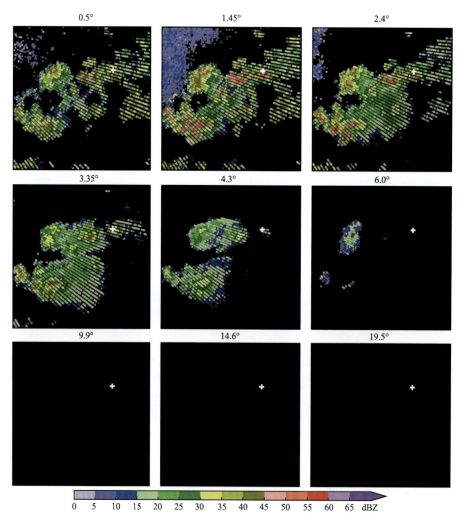

图 2.9.11　2018 年 5 月 19 日 23:28 重庆雷达不同仰角反射率因子
（体扫模式：VCP21；显示范围同图 2.9.6，图中白色"＋"为石桥站位置）

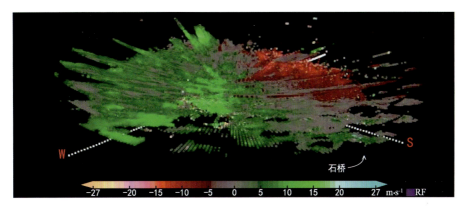

图 2.9.12　2018 年 5 月 19 日 23:28 重庆雷达体积扫描平均径向速度
（体扫模式:VCP21;武隆区石桥站相对于重庆雷达方位角 106°,距离 135 km）

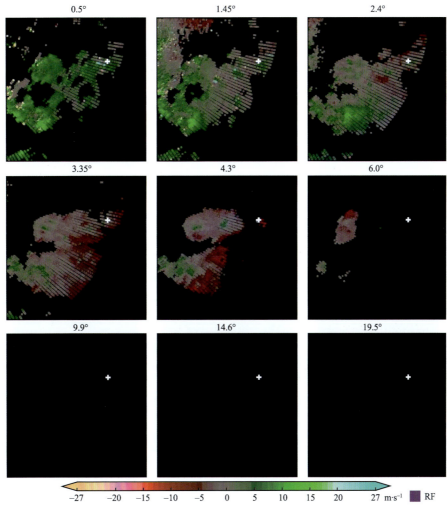

图 2.9.13　2018 年 5 月 19 日 23:28 重庆雷达不同仰角平均径向速度
（体扫模式:VCP21;显示范围同图 2.9.6,图中白色"＋"为石桥站位置）

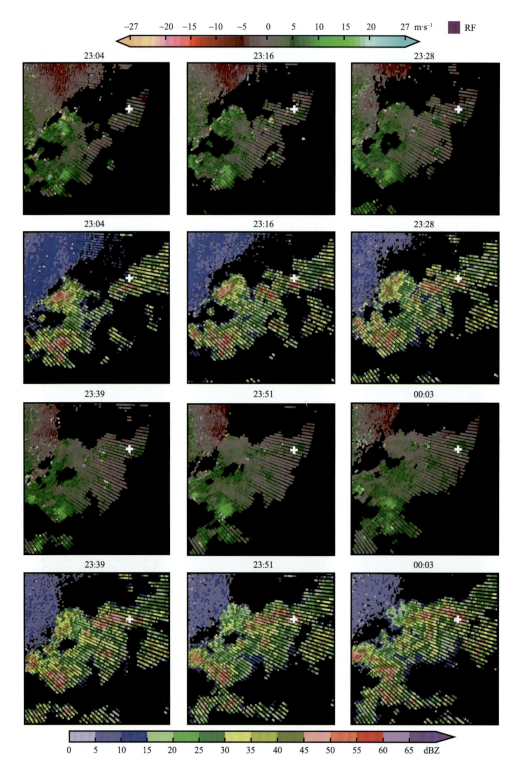

图 2.9.14　2018 年 5 月 19 日 23:04—20 日 00:03 重庆雷达 1.45°仰角平均径向速度(第 1、3 行)和反射率因子(第 2、4 行)

(体扫模式:VCP21;显示范围同图 2.9.6,图中白色"+"为石桥站位置)

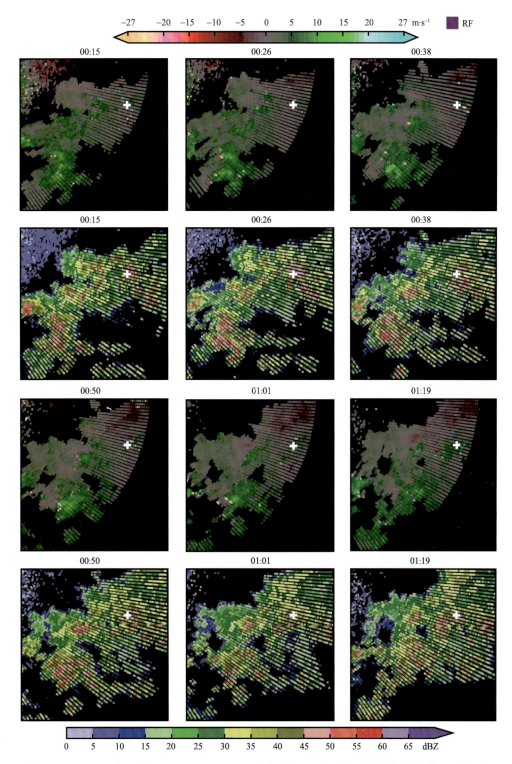

图 2.9.15　2018 年 5 月 20 日 00:15—01:19 重庆雷达 1.45°仰角平均径向速度(第 1、3 行)和
反射率因子(第 2、4 行)

(体扫模式:VCP21;显示范围同图 2.9.6,图中白色"＋"为石桥站位置)

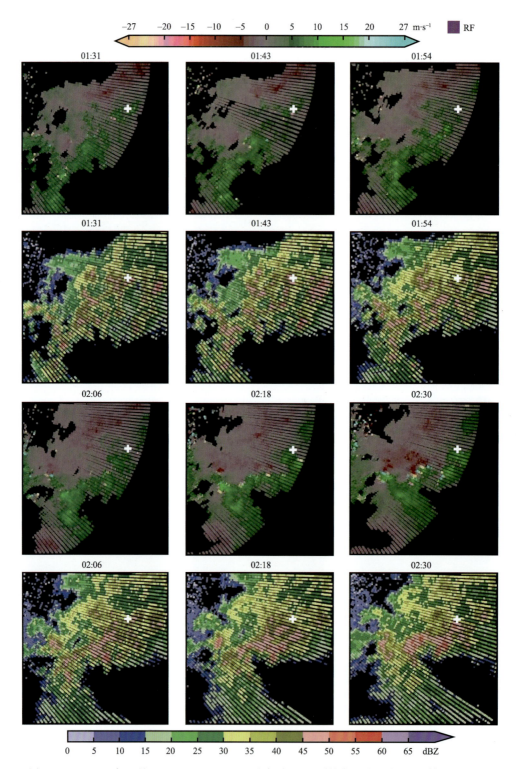

图 2.9.16　2018 年 5 月 20 日 01:31—02:30 重庆雷达 1.45°仰角平均径向速度(第 1、3 行)和
反射率因子(第 2、4 行)

(体扫模式:VCP21;显示范围同图 2.9.6,图中白色"＋"为石桥站位置)

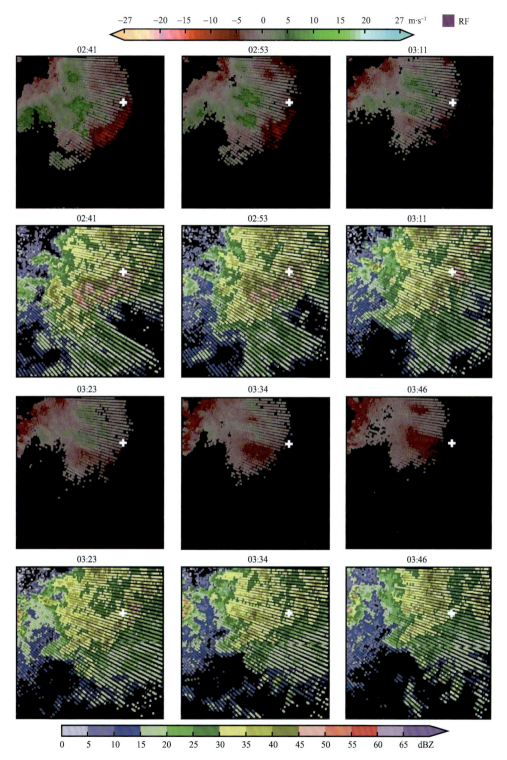

图 2.9.17　2018 年 5 月 20 日 02:41—03:46 重庆雷达 1.45°仰角平均径向速度(第 1、3 行)和反射率因子(第 2、4 行)

(体扫模式:VCP21;显示范围同图 2.9.6,图中白色"＋"为石桥站位置)

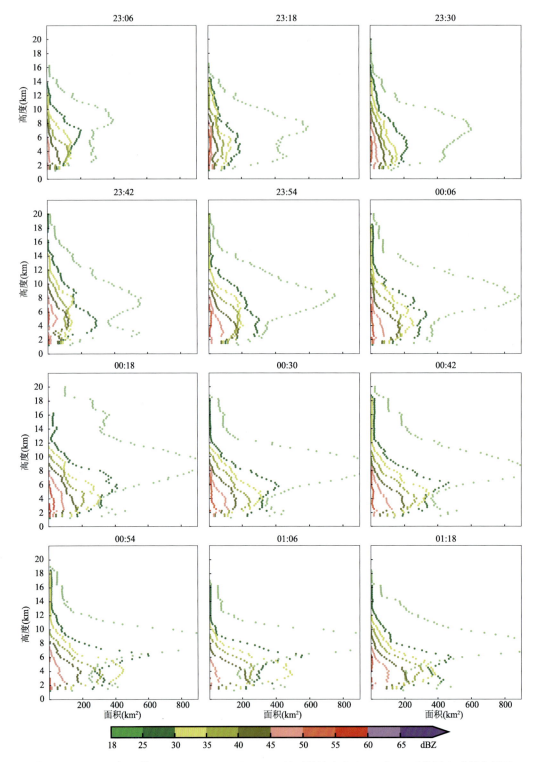

图 2.9.18　2018 年 5 月 19 日 23:06—20 日 01:18 以石桥站为中心 0.4°×0.4°范围内反射率因子面积随高度分布

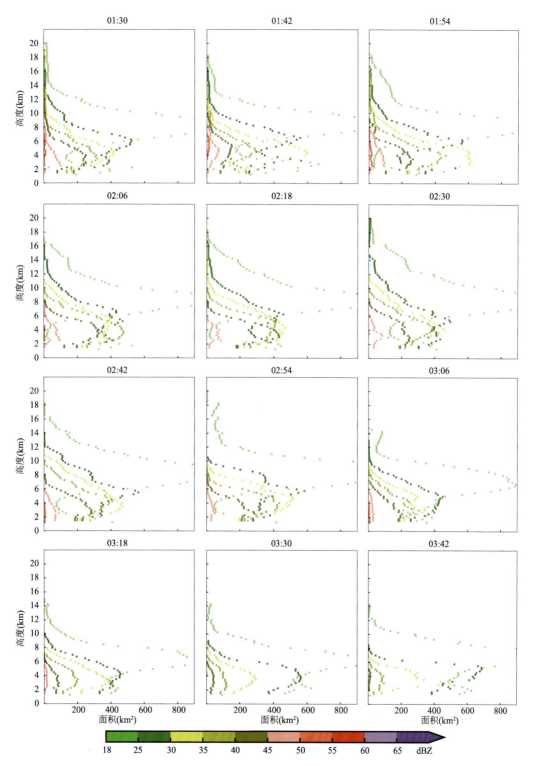

图 2.9.19　2018 年 5 月 20 日 01：30—03：42 以石桥站为中心 0.4°×0.4°范围内反射率因子
面积随高度分布

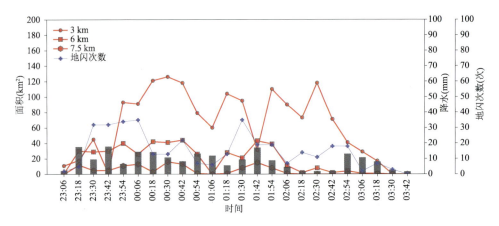

图 2.9.20　2018 年 5 月 19 日 23:06—20 日 03:42 以石桥站为中心 0.4°×0.4°范围内不同高度层(3 km、6 km 和 7.5 km)45 dBZ 反射率因子面积变化;相应时段以石桥站为中心、半径 20 km 范围内的地闪次数(蓝色折线)和石桥站降水(柱图)

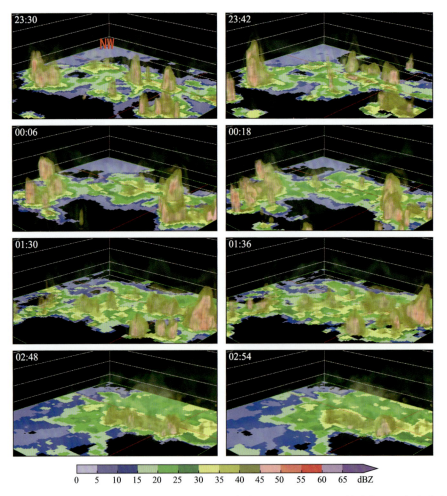

图 2.9.21　2018 年 5 月 19 日 23:30—20 日 02:54 反射率因子三维视图(石桥站位于红色实线交叉点)

2.10　2019 年 4 月 19 日万盛经济开发区南门站短时强降水

实况:2019 年 4 月 19 日 17:00,重庆万盛经济开发区南门站和铜鼓滩站小时降水分别达到 109.7 mm 和 100.2 mm。铜鼓滩站位于南门站西南偏北,距离 16 km。

主要影响系统:500 hPa 低槽,700 hPa 切变线,850 hPa 切变线,850 hPa 温度脊,地面冷锋(图 2.10.1—2.10.2)。

系统配置及演变:准正压类。4 月 19 日 08:00—20:00(图 2.10.1—2.10.2),500 hPa 波动槽东移,槽前 850 hPa 弱切变线影响渝西地区,垂直风切变弱,但大气暖湿不稳定特征显著,在波动槽、弱切变线及地形影响下,重庆西南部午后局地出现极端短时强降水天气。

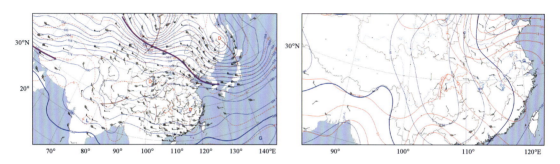

图 2.10.1　2019 年 4 月 19 日 08:00 500 hPa(左)和 850 hPa(右)天气形势

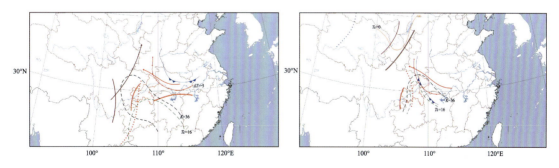

图 2.10.2　2019 年 4 月 19 日 08:00(左)和 20:00(右)中尺度天气环境条件场分析

探空资料分析：从沙坪坝、贵阳探空资料(图 2.10.3)分析,4 月 19 日 08:00 重庆本地及周边地区的环境条件有利于重庆西南部短时强降水的发生:1)850 hPa 沙坪坝、贵阳上空的比湿分别达到 13 g·kg^{-1} 和 15 g·kg^{-1},对流层中低层水汽充沛;2)沙坪坝、贵阳上空 850 hPa 与 500 hPa 温差分别为 28 ℃和 27 ℃,BLI 为−4.5 ℃和−5.7 ℃,K 指数为 41 ℃和 36 ℃,两站上空热力不稳定明显;3)沙坪坝 850Pa 至 600 hPa 相对湿度较大,接近饱和,500 hPa 至对流层高层为干空气层,温湿层结曲线形成向上开口的喇叭形状,"上干冷、下暖湿"特征明显。

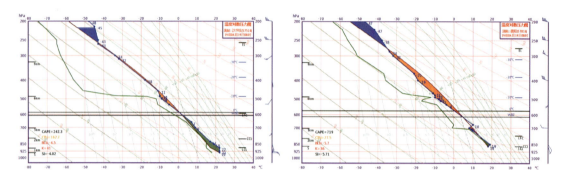

图 2.10.3　2019 年 4 月 19 日 08:00 沙坪坝(左)和贵阳(右)T-ln$p$ 图

卫星云图和地闪演变分析：强降水持续期间,强风暴云团稳定维持,南门站位于云团西部,南门站附近为云团的云顶亮温低值区和云顶亮温梯度大值区(图 2.10.4—2.10.5)。南门站附近一直有较大的地闪密度,地闪密度大值区从南门站以西到南门站东南,经历了大约 4 h(图 2.10.6—2.10.9)。

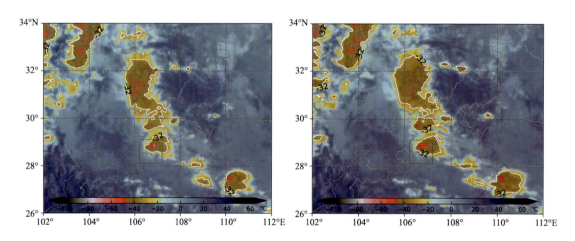

图 2.10.4　2019 年 4 月 19 日 15:34(左)和 15:57(右)FY-4A 卫星红外通道 TBB 云图
(图中绿色虚线框为图 2.10.6 显示的范围)

天气雷达回波演变分析：南门站相对于永川雷达方位角 111°,距离 117 km;铜鼓滩站相对于永川雷达方位角 117°,距离 106 km。从回波演变和降水情况(图 2.10.10—2.10.21)可以看出,两个站的强降水都具有列车效应的特征。两站附近回波发展强盛,55 dBZ 回波最高达

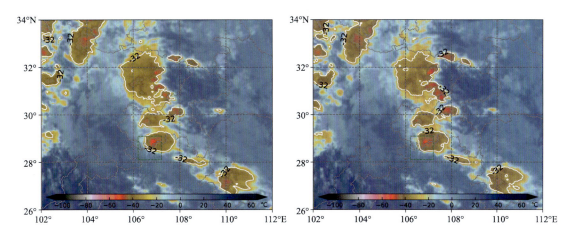

图 2.10.5 2019 年 4 月 19 日 16:27(左)和 16:42(右)FY-4A 卫星红外通道 TBB 云图

到 12 km 左右(图 2.10.18,15:24)。需要注意的是,永川雷达观测到南门站附近的反射率因子强度远低于铜鼓滩站,但其 6 min 雨量却两次超过 18 mm(图 2.10.20)。南门站海拔较铜鼓滩站高 337 m,分析发现,强降水时,铜鼓滩站附近一直有强回波系统稳定维持,其向东北方向的出流可能会受到地形抬升。在 16:28 前后,南门站和铜鼓滩站之间还出现了尺度小于 16 km 的涡旋(图 2.10.13,0.5°仰角,南门与铜鼓滩距离为 16 km)。因此南门的强降水有可能与地形抬升有关。由于永川雷达 0.5°仰角只能探测到南门站上空 2.5 km 高度的回波,因此无法获取该个例中地形抬升作用的直接证据。

临近预报关注点:卫星红外云图上,强风暴云团稳定维持,云团的云顶亮温低值区和亮温梯度大值区也稳定少动,地闪密度较大的位置与云顶亮温低值区和强反射率因子区一致。强风暴发展强盛,移速缓慢,风暴低层出流可能受到地形抬升导致强降水。需要加强地形抬升可能造成降水增强个例的收集和分析。

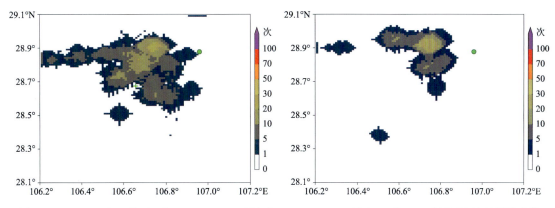

图 2.10.6 2019 年 4 月 19 日 14:00—14:30(左)和 14:30—15:00(右)0.01°×0.01°ADTD 地闪累计次数
(统计半径:格点周围 5 km 范围;图中绿色"+"为正闪,绿色实心圆为南门站位置)

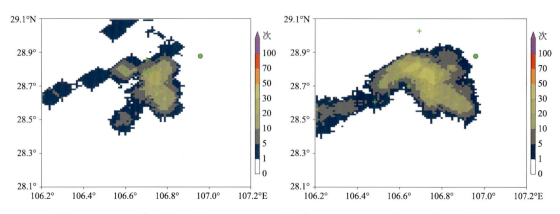

图 2.10.7　2019 年 4 月 19 日 15：00—15：30（左）和 15：30—16：00（右）0.01°×0.01°ADTD
地闪累计次数

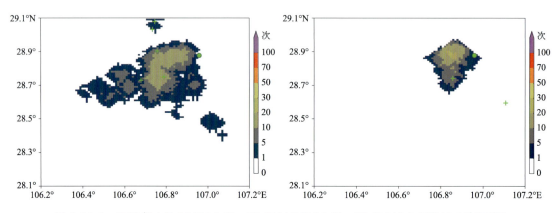

图 2.10.8　2019 年 4 月 19 日 16：00—16：30（左）和 16：30—17：00（右）0.01°×0.01°ADTD
地闪累计次数

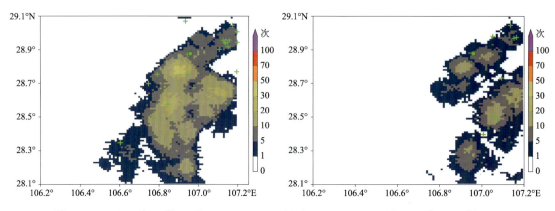

图 2.10.9　2019 年 4 月 19 日 17：00—17：30（左）和 17：30—18：00（右）0.01°×0.01°ADTD
地闪累计次数

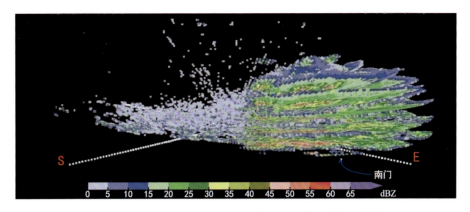

图 2.10.10　2019 年 4 月 19 日 16:28 永川雷达体积扫描反射率因子
（体扫模式:VCP21;万盛经开区南门站相对于永川雷达方位角 111°,距离 117 km）

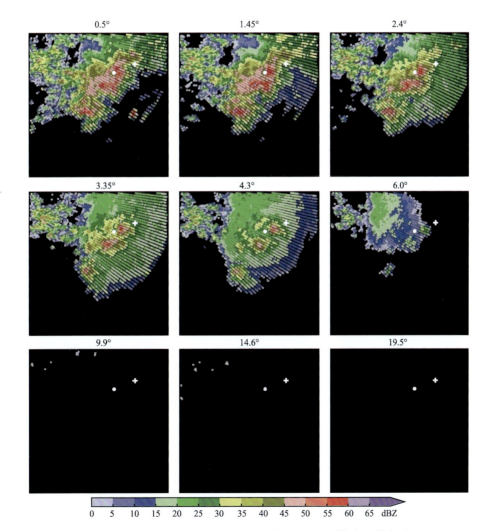

图 2.10.11　2019 年 4 月 19 日 16:28 永川雷达不同仰角反射率因子
（体扫模式:VCP21;显示范围同图 2.10.6,图中白色"＋"和实心圆点分别为南门站和铜鼓滩站位置）

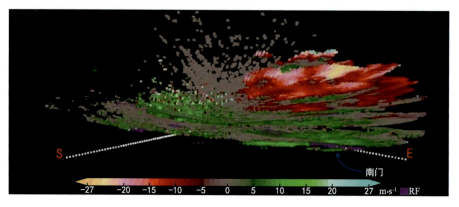

图 2.10.12 2019 年 4 月 19 日 16：28 永川雷达体积扫描平均径向速度

（体扫模式：VCP21；万盛经开区南门站相对于永川雷达方位角 111°，距离 117 km）

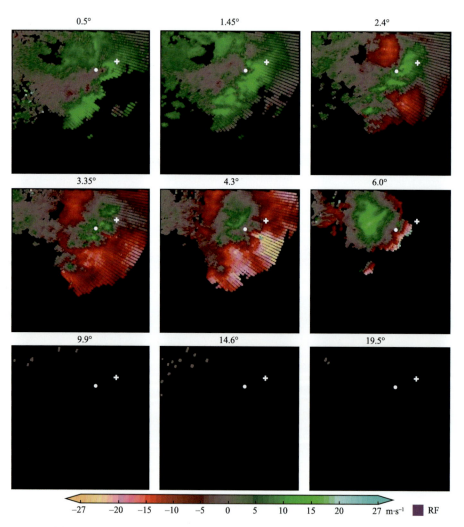

图 2.10.13 2019 年 4 月 19 日 16：28 永川雷达不同仰角平均径向速度

（体扫模式：VCP21；显示范围同图 2.10.6，图中白色"＋"和实心圆点分别为南门站和铜鼓滩站位置）

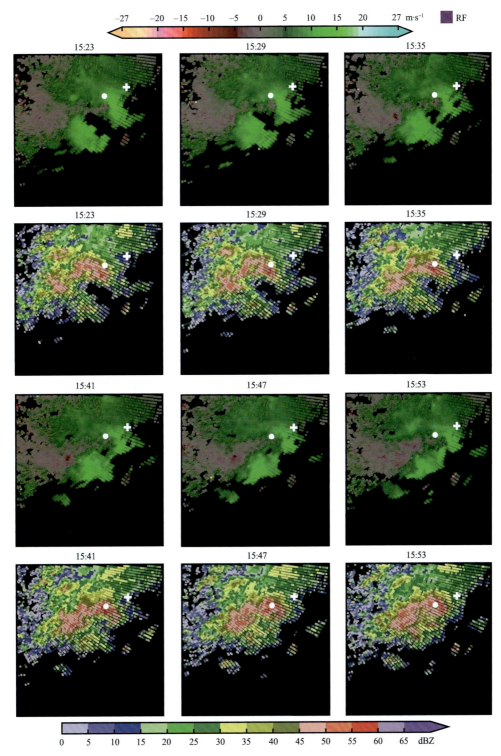

图 2.10.14　2019 年 4 月 19 日 15:23—15:53 永川雷达 0.5°仰角平均径向速度(第 1、3 行)和
反射率因子(第 2、4 行)

(体扫模式:VCP21;显示范围同图 2.10.6,图中白色"＋"和实心圆点分别为南门站和铜鼓滩站位置)

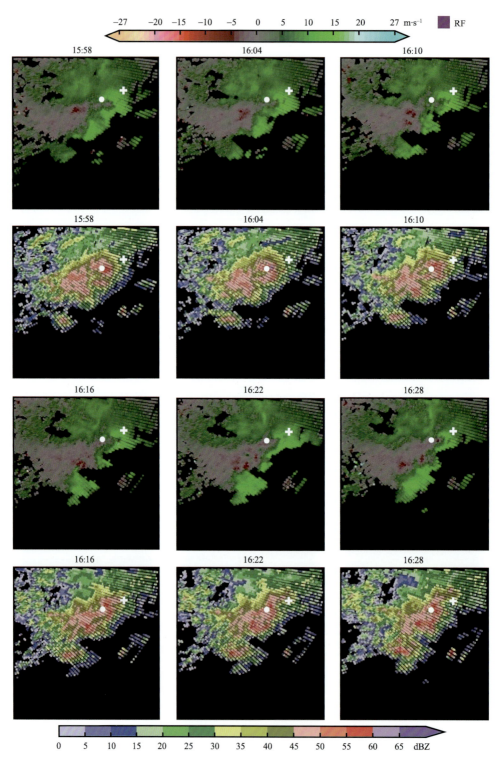

图 2.10.15　2019 年 4 月 19 日 15:58—16:28 永川雷达 0.5°仰角平均径向速度(第 1、3 行)和
反射率因子(第 2、4 行)

(体扫模式:VCP21;显示范围同图 2.10.6,图中白色"+"和实心圆点分别为南门站和铜鼓滩站位置)

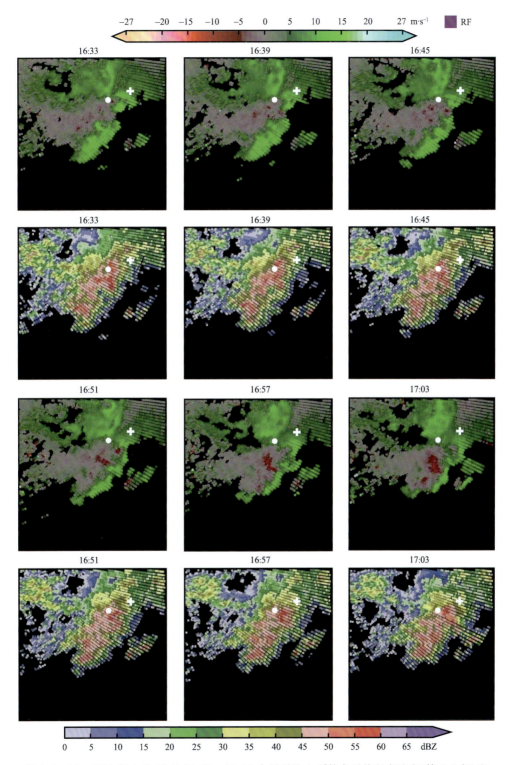

图 2.10.16　2019 年 4 月 19 日 16:33—17:03 永川雷达 0.5°仰角平均径向速度(第 1、3 行)和
反射率因子(第 2、4 行)

(体扫模式:VCP21;显示范围同图 2.10.6,图中白色"＋"和实心圆点分别为南门站和铜鼓滩站位置)

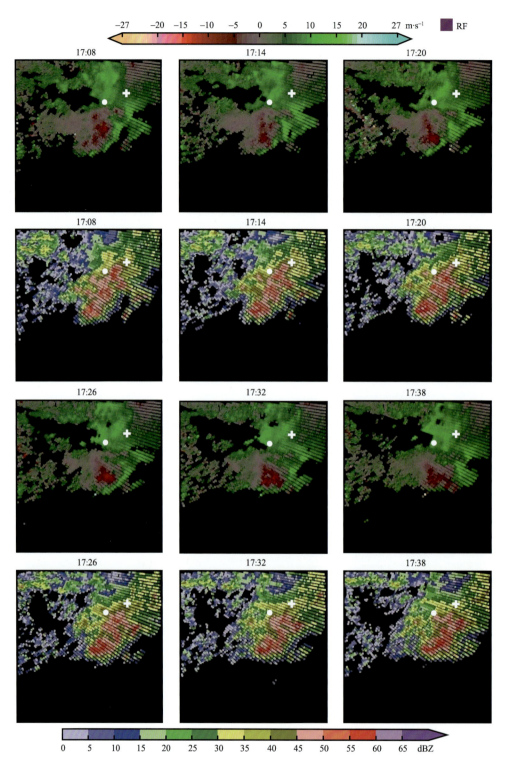

图 2.10.17　2019 年 4 月 19 日 17:08—17:38 永川雷达 0.5°仰角平均径向速度(第 1、3 行)和
反射率因子(第 2、4 行)

(体扫模式:VCP21;显示范围同图 2.10.6,图中白色"+"和实心圆点分别为南门站和铜鼓滩站位置)

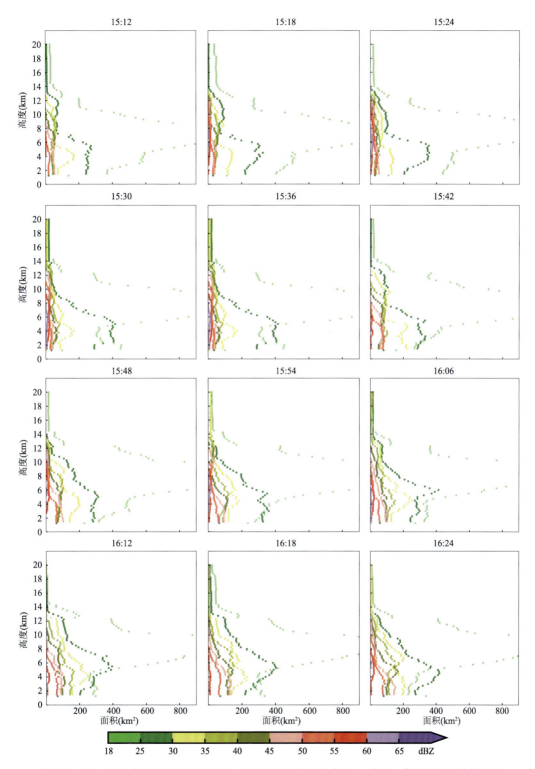

图 2.10.18　2019 年 4 月 19 日 15:12—16:24 以南门站为中心 0.4°×0.4°范围内反射率因子面积随高度分布

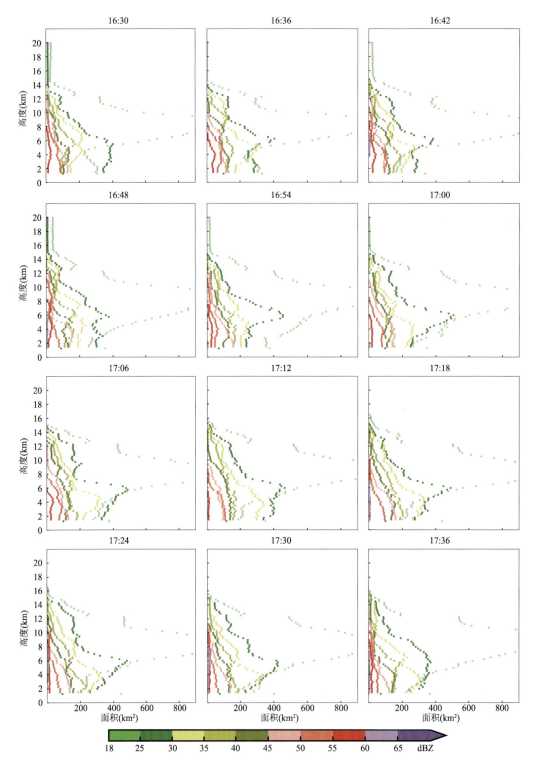

图 2.10.19　2019 年 4 月 19 日 16：30—17：36 以南门站为中心 0.4°×0.4°范围内反射率因子
面积随高度分布

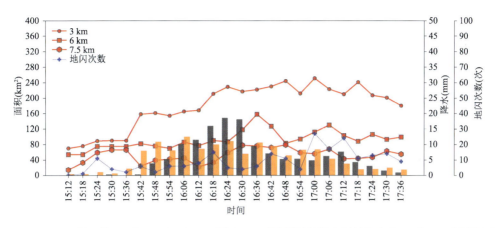

图 2.10.20　2019 年 4 月 19 日 15∶12—17∶36(缺 16∶00 拼图资料)以南门站为中心 0.4°×0.4°范围内不同高度层(3 km,6 km 和 7.5 km)45 dBZ 反射率因子面积变化;相应时段以南门站为中心、半径 20 km范围内的地闪次数(蓝色折线)和降水(柱图,黑色为南门站,黄色为铜鼓滩站)

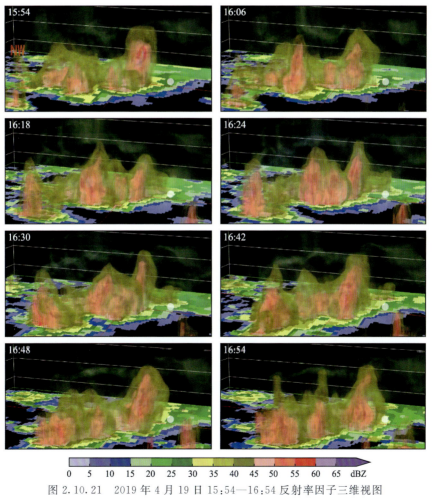

图 2.10.21　2019 年 4 月 19 日 15∶54—16∶54 反射率因子三维视图
(铜鼓滩站位于红色实线交叉点,白色实心圆为南门站位置)

2.11 2019年7月22日渝北区龙头寺公园站短时强降水

实况:2019年7月22日17:00,重庆渝北区龙头寺公园站发生短时强降水,小时雨量为102.7 mm。

主要影响系统:500 hPa低槽,700 hPa至500 hPa低涡,700 hPa及850 hPa切变线(图2.11.1—2.11.2)。

系统配置及演变:低空暖平流强迫类。7月22日08:00—20:00,500 hPa低槽及低涡影响四川盆地,重庆地区为低槽及低涡前部西南气流控制,850 hPa有切变线影响,大气暖湿且不稳定,午后在低槽、低涡及低空切变线的影响下,重庆西部局地出现极端短时强降水天气(图2.11.1—2.11.2)。

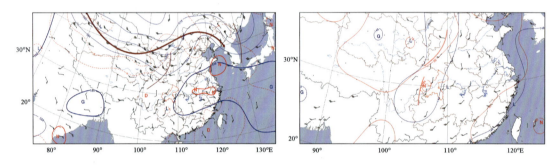

图 2.11.1 2019年7月22日08:00 500 hPa(左)和850 hPa(右)天气形势

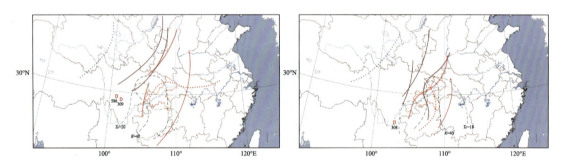

图 2.11.2 2019年7月22日08:00(左)和20:00(右)中尺度天气环境条件场分析

探空资料分析:从沙坪坝、贵阳探空资料(图2.11.3)分析,7月22日08:00重庆本地及周边地区的环境条件有利于重庆西部极端短时强降水的发生:1)850 hPa沙坪坝、贵阳上空的比湿分别达到16 g·kg⁻¹和17 g·kg⁻¹,对流层中低层有很好的水汽条件;2)沙坪坝、贵阳CAPE分别为586 J·kg⁻¹、1202 J·kg⁻¹,呈现为狭长形态,两站K指数分别达到了42 ℃和43 ℃;3)沙坪坝近地面到700 hPa风向随高度上升顺时针旋转,0—3 km、0—6 km垂直风切变分别为 10.91 m·s^{-1} 和 9.1 m·s^{-1};4)重庆上空有较深厚的暖层,沙坪坝 0 ℃层高度达到 5.8 km。

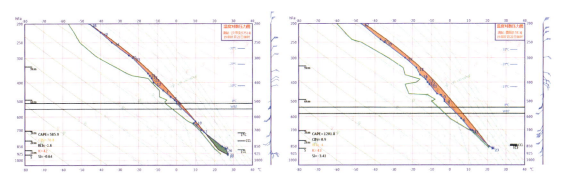

图 2.11.3　2019 年 7 月 22 日 08:00 沙坪坝(左)和贵阳(右)T-ln$p$ 图

卫星云图和地闪演变分析:强降水区位于云顶亮温梯度大值区,从 15:34(图 2.11.4)到 16:42(图 2.11.5),云顶亮温低于 −72 ℃区域迅速扩大,向东南扩展的部分在龙头寺公园站附近。15:34 左右,龙头寺公园站附近已出现一些云顶亮温低于 −72 ℃的小区域(图 2.11.4 左图虚线框内),因此,云顶亮温低于 −72 ℃区域的扩展也可能是云团合并加强的结果。地闪密度很大(图 2.11.6—2.11.9),但龙头寺公园站并不在最大地闪密度的中心。15:00—15:30,龙头寺公园站以西和以南分别有两个强地闪中心,15:30—16:30,龙头寺公园站以西的强地闪中心稳定维持并向东延伸,龙头寺公园站以北也有强地闪带,16:30—17:30,地闪集中区域主要位于龙头寺公园站北面和南面。

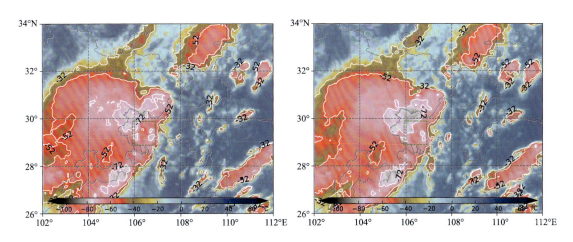

图 2.11.4　2019 年 7 月 22 日 15:34(左)和 15:53(右)FY-4A 卫星红外通道 TBB 云图
(图中绿色虚线框为图 2.11.6 显示的范围)

天气雷达回波演变分析:龙头寺公园站相对于重庆雷达方位角 38°,距离 10 km。强降水时,龙头寺公园站附近出现明显的低层辐散(图 2.11.13),16:23,龙头寺公园站风速为 8.2 m·s^{-1}。从回波演变(图 2.11.10—2.11.21)可见,15:30,龙头寺公园站西南有一条东西向的带状回

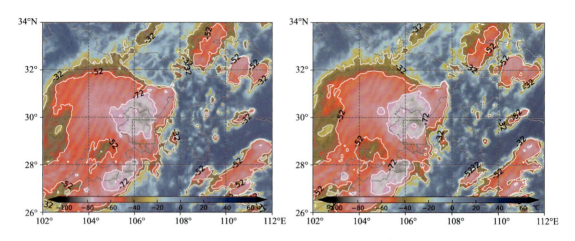

图 2.11.5 2019 年 7 月 22 日 16:23(左)和 16:42(右)FY-4A 卫星红外通道 TBB 云图

波,该带状回波北移并在 16:01 左右与龙头寺公园站附近的新生回波和龙头寺公园站东南的西北—东南向带状回波合并,合并后的风暴迅速加强(图 2.11.21),16:12,龙头寺公园站附近 50 dBZ 强回波上升到 11 km 以上(图 2.11.19)。强风暴向东北方向移动,移速极为缓慢,从 16:01 到 16:47,回波从带状逐渐演变为块状,回波向东北方向扩展了约 20 km,但西南方向的回波边界基本未变。

临近预报关注点:卫星红外云图上分散的云顶亮温低值中心有可能合并加强。地闪密度大值区往往表明有深对流的强烈发展,深对流的出流及对流的合并可能导致极端强对流天气。合并后的强风暴移动极为缓慢,导致极端强降水。

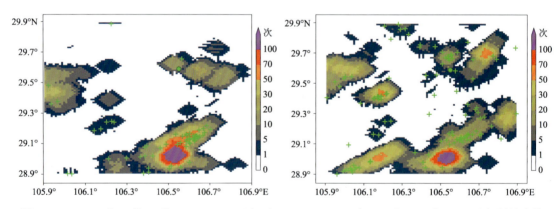

图 2.11.6 2019 年 7 月 22 日 14:00—14:30(左)和 14:30—15:00(右)0.01°×0.01°ADTD 地闪累计次数
(统计半径:格点周围 5 km 范围;图中绿色"+"为正闪,绿色实心圆为龙头寺公园站位置)

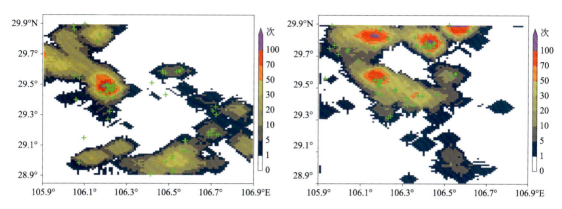

图 2.11.7　2019 年 7 月 22 日 15:00—15:30(左)和 15:30—16:00(右)0.01°×0.01°ADTD
地闪累计次数

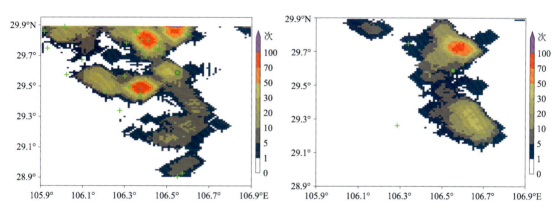

图 2.11.8　2019 年 7 月 22 日 16:00—16:30(左)和 16:30—17:00(右)0.01°×0.01°ADTD
地闪累计次数

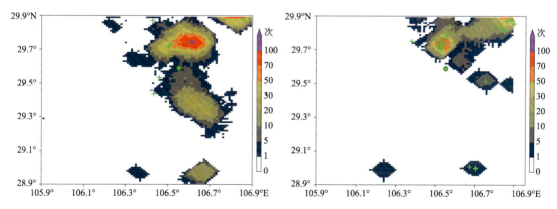

图 2.11.9　2019 年 7 月 22 日 17:00—17:30(左)和 17:30—18:00(右)0.01°×0.01°ADTD
地闪累计次数

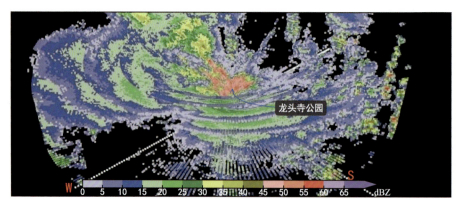

图 2.11.10 2019 年 7 月 22 日 16:27 重庆雷达体积扫描反射率因子
(体扫模式:VCP21;渝北区龙头寺公园站相对于重庆雷达方位角 38°,距离 10 km)

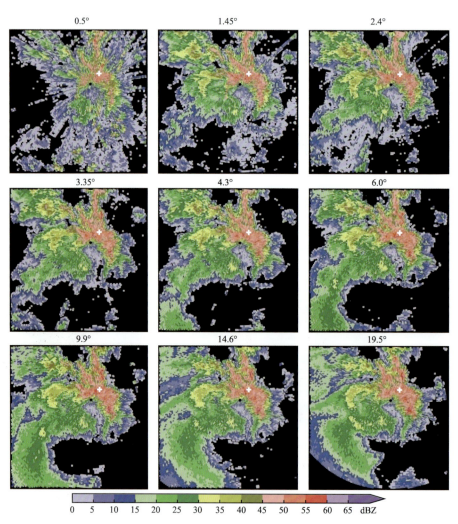

图 2.11.11 2019 年 7 月 22 日 16:27 重庆雷达不同仰角反射率因子
(体扫模式:VCP21;显示范围同图 2.11.6,图中白色"+"为龙头寺公园站位置)

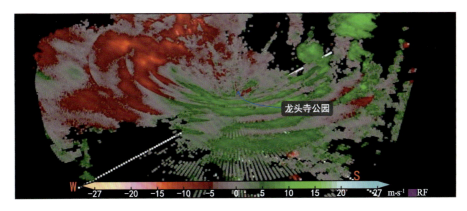

图 2.11.12　2019 年 7 月 22 日 16:27 重庆雷达体积扫描平均径向速度
(体扫模式:VCP21;渝北区龙头寺公园站相对于重庆雷达方位角 38°,距离 10 km)

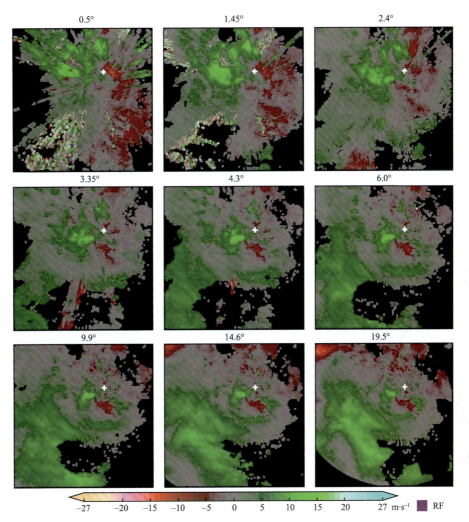

图 2.11.13　2019 年 7 月 22 日 16:27 重庆雷达不同仰角平均径向速度
(体扫模式:VCP21;显示范围同图 2.11.6,图中白色"+"为龙头寺公园站位置)

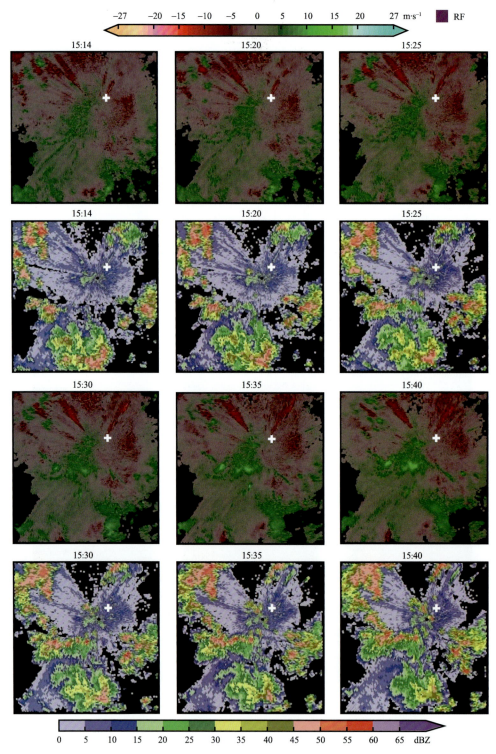

图 2.11.14　2019 年 7 月 22 日 15:14—15:40 重庆雷达 2.4°仰角平均径向速度(第 1、3 行)和
反射率因子(第 2、4 行)

(体扫模式:VCP21;显示范围同图 2.11.6,图中白色"＋"为龙头寺站位置)

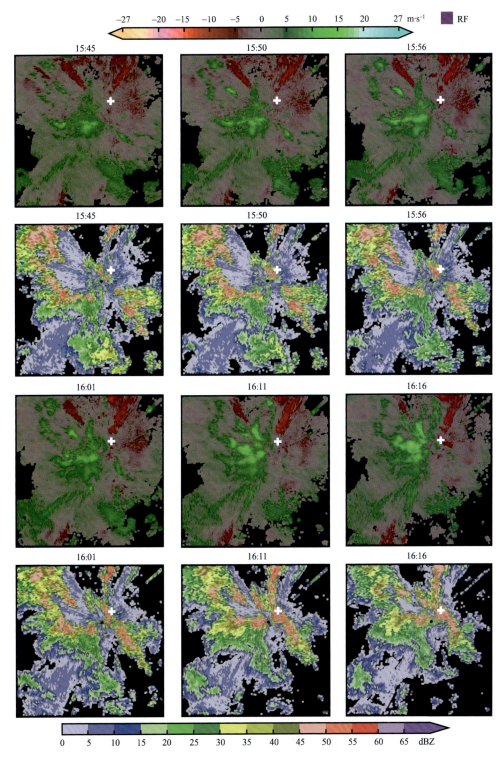

图 2.11.15　2019 年 7 月 22 日 15:45—16:16 重庆雷达 2.4°仰角平均径向速度(第 1、3 行)和
反射率因子(第 2、4 行)

(体扫模式:VCP21;显示范围同图 2.11.6,图中白色"+"为龙头寺站位置)

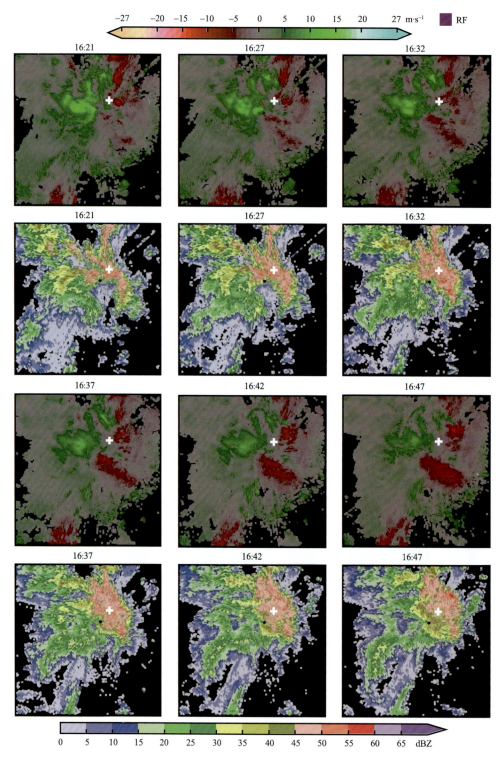

图 2.11.16　2019 年 7 月 22 日 16:21—16:47 重庆雷达 2.4°仰角平均径向速度(第 1、3 行)和
反射率因子(第 2、4 行)

(体扫模式:VCP21;显示范围同图 2.11.6,图中白色"+"为龙头寺站位置)

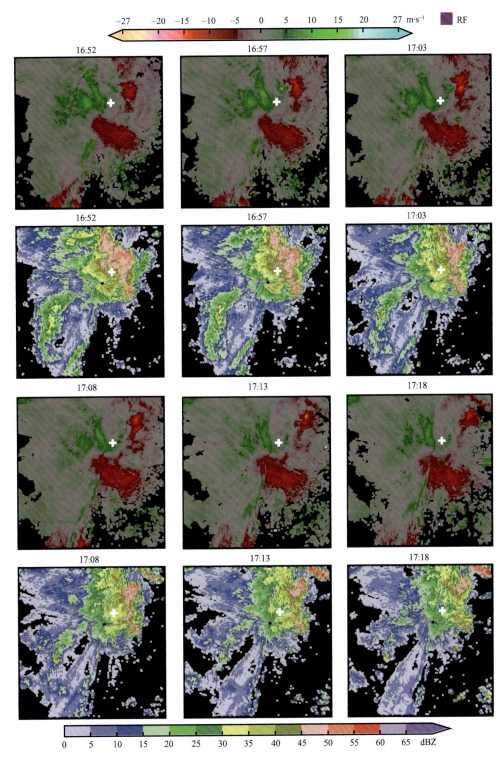

图 2.11.17　2019 年 7 月 22 日 16:52—17:18 重庆雷达 2.4°仰角平均径向速度(第 1、3 行)和
反射率因子(第 2、4 行)

(体扫模式:VCP21;显示范围同图 2.11.6,图中白色"+"为龙头寺站位置)

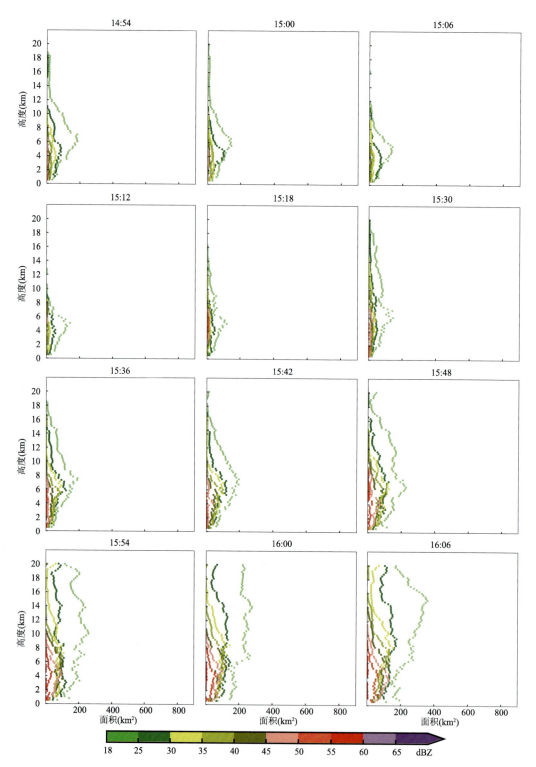

图 2.11.18 2019 年 7 月 22 日 14：54—16：06 以龙头寺公园站为中心 0.4°×0.4°范围内反射率因子
面积随高度分布

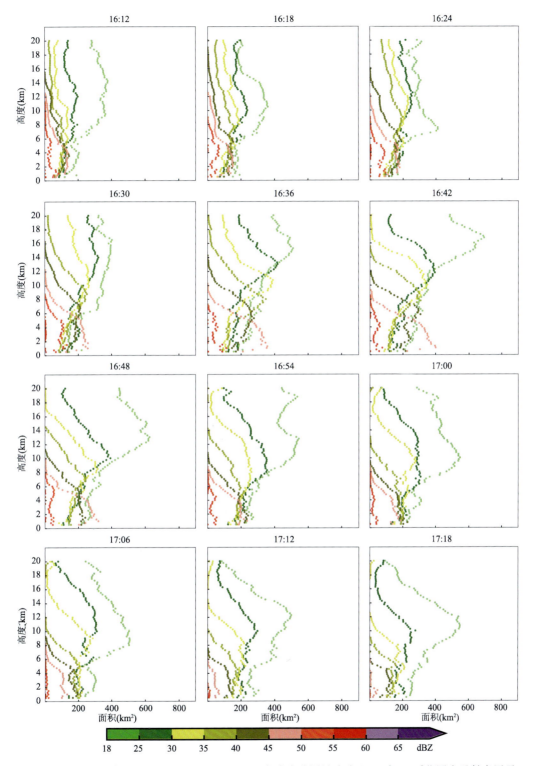

图 2.11.19　2019 年 7 月 22 日 16:12—17:18 以龙头寺公园站为中心 0.4°×0.4°范围内反射率因子
面积随高度分布

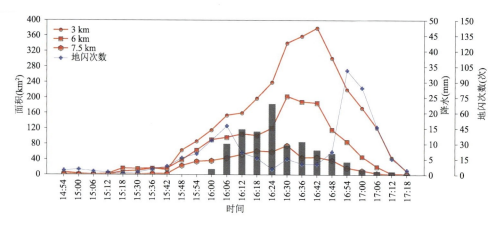

图 2.11.20　2019 年 7 月 22 日 14：54—17：18 以龙头寺公园站为中心 0.4°×0.4°范围内不同高度层（3 km、6 km 和 7.5 km）45 dBZ 反射率因子面积变化（缺 15：24 拼图资料）；相应时段以龙头寺公园站为中心、半径 20 km 范围内的地闪次数（蓝色折线）和龙头寺公园站降水（柱图）

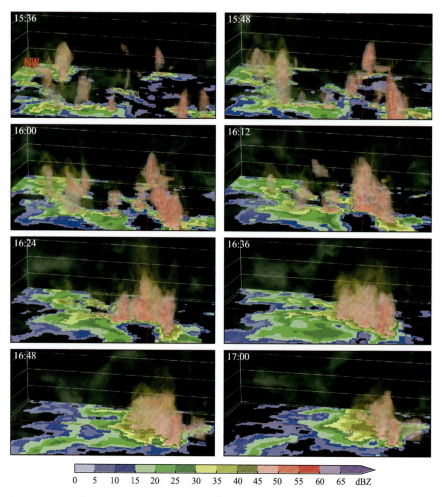

图 2.11.21　2019 年 7 月 22 日 15：36—17：00 反射率因子三维视图（龙头寺公园站位于红色实线交叉点）

主要参考文献

巴德 M J,福布 G S,格兰特 J R,等,1998. 卢乃锰,冉茂农,刘健,等,译. 卫星与雷达图像在天气预报中的应用[M]. 北京:科学出版社:392.

陈渭民,2005. 卫星气象学(第二版)[M]. 北京:气象出版社:535.

刘德,张亚萍,陈贵川,等,2012. 重庆市大气预报技术手册[M]. 北京:气象出版社:389.

孙继松,戴建华,何立富,等,2014. 强对流天气预报的基本原理与技术方法——中国强对流天气预报手册[M]. 北京:气象出版社:282.

沃伟峰,赵昶昱,段晶晶,等,2022. 基于 VTK 的雷达基数据交互式三维重建功能及其业务应用[J]. 气象科技,50(3):449-10.

俞小鼎,姚秀萍,熊廷南,等,2006. 多普勒天气雷达原理与业务应用[M]. 北京:气象出版社:314.

俞小鼎,王秀明,李万莉,等,2020. 雷暴与强对流临近预报[M]. 北京:气象出版社:416.

张培昌,杜秉玉,戴铁丕,2001. 雷达气象学[M]. 北京:气象出版社:511.

张亚萍,邓承之,牟容,等,2015. 重庆市强对流天气分析图集[M]. 北京:气象出版社:266.

中国人民解放军总参谋部气象局,2000. 多普勒天气雷达资料分析与应用[M]. 北京:解放军出版社:232.

朱乾根,林锦瑞,寿绍文,等,2007. 天气学原理和方法(第四版)[M]. 北京:气象出版社:649.

BRANDES E,ZIEGLER C,1993. Mesoscale downdraft influences on vertical vorticity in a mature mesoscale convective system[J]. Mon Wea Rev,121:1337-1353.

CRISP C A,1979. Training guide for severe weather forecasters[R]. Air Weather Service Tech. Note 79/002. Air Force Global Weather Central,Offutt Air Force Base,NE. 73 Pages.

DOSWELL C A III,1982. The Operational Meteorology of Convective Weather. Volume I: Operational meso-analysis[R]. NOAA Technical Memorandum NWS NSSFC-5. NTIS Accession No. PB83-162321. 102 Pages.

MILLER R C,1972. Notes on the analysis and severe-storm forecasting procedures of the Air Force Global Weather Central[R]. Air Weather Service Tech Report. 200 (Rev),Air Weather Service,Scott Air Force Base,IL. 190 Pages.

ZHOU Q Y,PARK J,KOLTUN V,2018. Open 3D:A modern library for 3D data processing[J]. arXiv:1801.09847v1.